Hamid Dahmani

Évaluation de la dynamique du véhicule et système d'aide à la conduite

Hamid Dahmani

Évaluation de la dynamique du véhicule et système d'aide à la conduite

Détection des sorties de route et des renversements

Presses Académiques Francophones

Mentions légales / Imprint (applicable pour l'Allemagne seulement / only for Germany)
Information bibliographique publiée par la Deutsche Nationalbibliothek: La Deutsche Nationalbibliothek inscrit cette publication à la Deutsche Nationalbibliografie; des données bibliographiques détaillées sont disponibles sur internet à l'adresse http://dnb.d-nb.de.
Toutes marques et noms de produits mentionnés dans ce livre demeurent sous la protection des marques, des marques déposées et des brevets, et sont des marques ou des marques déposées de leurs détenteurs respectifs. L'utilisation des marques, noms de produits, noms communs, noms commerciaux, descriptions de produits, etc, même sans qu'ils soient mentionnés de façon particulière dans ce livre ne signifie en aucune façon que ces noms peuvent être utilisés sans restriction à l'égard de la législation pour la protection des marques et des marques déposées et pourraient donc être utilisés par quiconque.

Photo de la couverture: www.ingimage.com

Editeur: Presses Académiques Francophones est une marque déposée de
Südwestdeutscher Verlag für Hochschulschriften GmbH & Co. KG
Heinrich-Böcking-Str. 6-8, 66121 Sarrebruck, Allemagne
Téléphone +49 681 37 20 271-1, Fax +49 681 37 20 271-0
Email: info@presses-academiques.com

Produit en Allemagne:
Schaltungsdienst Lange o.H.G., Berlin
Books on Demand GmbH, Norderstedt
Reha GmbH, Saarbrücken
Amazon Distribution GmbH, Leipzig
ISBN: 978-3-8381-8964-2

Imprint (only for USA, GB)
Bibliographic information published by the Deutsche Nationalbibliothek: The Deutsche Nationalbibliothek lists this publication in the Deutsche Nationalbibliografie; detailed bibliographic data are available in the Internet at http://dnb.d-nb.de.
Any brand names and product names mentioned in this book are subject to trademark, brand or patent protection and are trademarks or registered trademarks of their respective holders. The use of brand names, product names, common names, trade names, product descriptions etc. even without a particular marking in this works is in no way to be construed to mean that such names may be regarded as unrestricted in respect of trademark and brand protection legislation and could thus be used by anyone.

Cover image: www.ingimage.com

Publisher: Presses Académiques Francophones is an imprint of the publishing house
Südwestdeutscher Verlag für Hochschulschriften GmbH & Co. KG
Heinrich-Böcking-Str. 6-8, 66121 Saarbrücken, Germany
Phone +49 681 37 20 271-1, Fax +49 681 37 20 271-0
Email: info@presses-academiques.com

Printed in the U.S.A.
Printed in the U.K. by (see last page)
ISBN: 978-3-8381-8964-2

Table des matières

Chapitre 1
Motivations et contexte

Chapitre 2
Les systèmes de prévention et d'aide à la conduite

Chapitre 3
Modélisation de la dynamique du véhicule

Chapitre 4
Observateurs d'état pour les systèmes de type Takagi-Sugeno

> **Chapitre 5**
> **Évaluation de la dynamique du véhicule pour la détection des sorties de route**

Partie IV : Conclusions   179

> **Chapitre 8**
> **Conclusion générale et perspectives**

Annexe A
Exemple de régions LMI   185

Annexe B
Quelques lemmes mathématiques   187

Annexe C
Preuves des théorèmes   189

Table des figures

Table des figures

Liste des tableaux

Notations

1 Notations algébriques

Symbole	Définition
$R^{n \times m}$	Espace des matrices réelles de dimension $n \times m$
0	Zéro ou toute matrice nulle de dimension appropriée
I_n	Matrice identité d'ordre n
I	Matrice identité d'ordre approprié
M^{-1}	Matrice inverse de la matrice M
M^T	Matrice transposée conjuguée de M
$det(M)$	Déterminant de la matrice M
$rang(M)$	Rang de la matrice M
$M > 0 \ (M \geq 0)$	Matrice carré symétrique définie (resp. semi-définie) positive
$M < 0 \ (M \leq 0)$	Matrice carré symétrique définie (resp. semi-définie) négative
N	entiers naturels
$\otimes$	Produit matriciel de Kronecker

2   Notations dynamique du véhicule

Symbole	Définition	Unité
v	Vitesse longitudinale du véhicule au CG	(m/s)
v_y	Vitesse latérale du véhicule au CG	(m/s)
β	Angle de dérive du véhicule au CG	(rad)
z	Déplacement vertical du véhicule au CG	(m)
θ	Angle de tangage du véhicule	(rad)
ψ	Angle du lacet du véhicule	(rad)
ϕ	Angle de roulis du véhicule	(rad)
$\dot{\psi}$	Vitesse du lacet	(rad/s)
$\dot{\phi}$	Vitesse du roulis	(rad/s)
δ_f	Angle de braquage des roues avant	(rad)
δ_r	Angle de braquage des roues arrières	(rad)
α_f, α_r	Angle de dérive latéral de la roue avant, arrière	(rad)
m	Masse du véhicule	(kg)
m_s	Masse suspendue du véhicule	(kg)
I_z	Moment d'inertie au centre de gravité du véhicule	$(kg.m^2)$
I_x	Moment d'inertie d'axe de roulis	$(kg.m^2)$
C_ϕ	Coefficient d'atténuation du mouvement de roulis	N.m.s/rad
K_ϕ	Coefficient de ressort du mouvement de roulis	N.m/rad
l_f, l_r	Distances entre respectivement le train avant, arrière et le centre de gravité du véhicule	(m)
h	Distance de l'axe de roulis au centre de gravité de la masse suspendue	(m)
T	Longueur des essieux	m
g	Constante de gravité	(m/s^2)
ω	Vitesse angulaire de la roue	(rad/s)
R_ω	Rayon à vide de la roue	(m)
I_ω	Inertie de la roue	$(kg.m^2)$
$F_x f, F_x r$	Forces longitudinales exercées sur chaque roue	(N)
$F_y f, F_y r$	Forces latérales exercées sur chaque roue	(N)
w	Courbure de la route	m^{-1}
y_s	Déplacement latéral relatif	
$\Delta\psi$	Angle de cap relatif	rad
l_s	Distance de mesure de la ligne blanche de la route	m

3 Abréviations

Areviation	Signification
TS	Takagi Sugeno
LMI	Inégalité Matricielle Linéaire
BMI	Inégalité Matricielle Bilinéaire
LTI	Linéaire Invariant dans le Temps
LPV	Linéaire à Paramètres Variant
ABS	Anti-lock Braking System
ESP	Electronic Stability Program
DLC	Distance To Lane Crossing
TLC	Time To Lane Crossing
LTR	Load Transfert Ratio
TTR	Time To Rollover

Partie I : Introduction

Part 1 : Introduction

Chapitre 1

Motivations et contexte

Sommaire

1.1   Contexte du travail

Cette thèse s'inscrit dans le contexte des travaux de recherches menés par l'équipe COVE (commande et véhicule) du laboratoire MIS (modélisation information et systèmes) sur la dynamique du véhicule et les techniques d'automatique dans l'automobile. Elle est effectuée dans le cadre du projet SEDVAC initié par le laboratoire MIS de l'université de Picardie Jules verne en collaboration avec le laboratoire HeuDiaSyC de l'université de technologie de Compiegne. Ce projet est financé par le conseil régional de Picardie et le fonds européen de développement régional et vise à développer des techniques d'évaluation de la dynamique du véhicule en interaction avec son environnement et en se servant de moyens de perception tel que le GPS et les caméras. Des techniques qui serviront au développement de systèmes d'aides à la conduite afin d'améliorer la sécurité routière et réduire le nombre d'accidents. Deux situations des plus accidentogènes ont été principalement traitées dans cette thèse, les sorties de routes et les renversements de véhicules.

Ce choix est motivé par le nombre élevé des tués enregistré ces dernières années lors de ce genre d'accidents, en effet ce dernier est très disproportionné par rapport au nombre d'accidents causés par les sorties de route et les renversements. Les accidents par sorties de voie dans les virages représentent approximativement 30% de l'accidentologie générale en France et provoquent 40% des tués d'après une étude du Centre Européen d'Études de Sécurité et d'Analyse des Risques (CEESAR, France)publiée dans [Bar02]. Aux États Unis, seul 3% des cas d'accidents sont dus aux renversement de véhicule tandis que le nombre des tués lors de ce genre d'accident représente 33% de tous les tués [Nht03]. Ces statistiques montrent le danger potentiel encouru par les passagers en cas de renversement ou de sortie de la route du véhicule et incitent à agir pour limiter ces accidents. Réduire ce risque et un levier très important pour baisser le nombre de tués sur les routes. C'est ce qui amène constructeurs, équipementiers et organismes de recherche à développer des techniques pour améliorer l'efficacité des systèmes d'aide à la conduite afin d'éviter les accidents les plus dangereux. Durant cette dernière décennie, différents systèmes ont été proposés avec des niveaux d'assistance allant d'une simple émission d'alerte jusqu'à la correction de trajectoire, en passant par la limitation des actions du conducteur [Bou07][Gla05]. Quelle que soit l'assistance apportée, la première étape consiste en l'évaluation et le calcul d'un indicateur de risque. Par exemple le DLC (distance à sortie de voie) et le TLC (temps à sortie de voie) sont deux indicateurs de risque qui ont été largement étudiés ces dernières années [Gla05][Mam07]. Dans ce présent travail des techniques basées sur l'estimation de la dynamique du véhicule et des attributs de la route ont été développées pour caractériser le risque des sorties de route et des renversements. Les details de ces techniques et les objectifs de la thèse sont détaillés dans les prochaines sections.

1.2 Projet SEDVAC

Le projet SEDVAC (Système Embarqué d'Évaluation de la Dynamique du Véhicule et d'Aide à la Conduite), d'une durée de 3 ans, 2008-2011, est initié par le laboratoire MIS de l'université de Picardie Jules verne en collaboration avec le laboratoire HeuDiaSyC de l'université de technologie de Compiègne. Ce projet vise à développer des techniques d'évaluation de la dynamique du véhicule en interaction avec son environnement et en se servant de moyens de perceptions tel que le GPS et les caméras. Des techniques qui serviront à caractériser et estimer les risques d'accident afin de délivrer un signal d'alarme au conducteur dans le cas d'une assistance passive, et d'agir pour l'aider à maîtriser la stabilité du véhicule dans le cas d'une assistance active (Figure 1.1). La réussite d'un tel projet aura un impact direct sur le développement et la maîtrise des systèmes d'aide à la conduite afin d'améliorer la sécurité routière et réduire le nombre d'accidents.

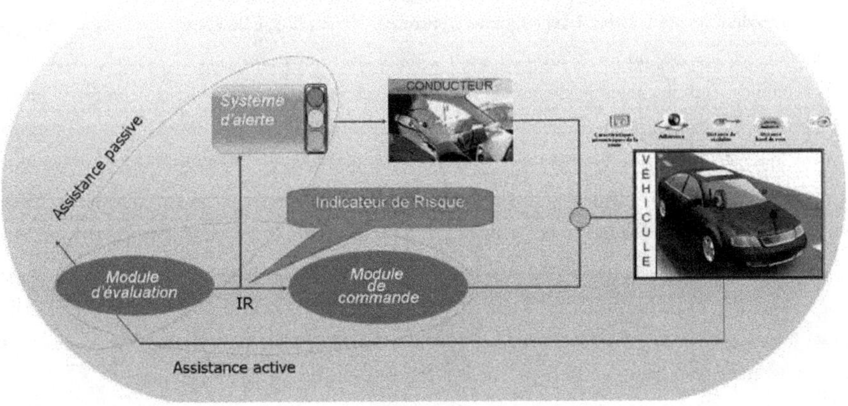

FIGURE 1.1 – Évaluation des risques d'accident pour l'assistance à la conduite dans le projet SEDVAC

1.2.1 Objectifs du projet

Le développement des technologies de l'information et de la communication constitue un enjeu majeur pour la maîtrise des déplacements, des biens et des personnes. Cet axe stratégique, qui concerne les transports individuels et les transports collectifs et qui fédère des compétences nationales et internationales, vise à prendre en compte simultanément les dimensions technologiques et humaines, notamment dans le cadre de l'amélioration de l'offre de sécurité. Il s'intéresse en particulier à la coopération homme/machine pour l'assistance à la conduite, aux liaisons télématiques entre le conducteur et son environnement et à l'automatisation partielle ou totale du processus de conduite pour les différents modes terrestres. Dans le domaine du véhicule automobile, des progrès considérables ont été réalisés en matière de confort, de sécurité, de respect de l'environnement et de consommation en carburant. Des systèmes de commande ont été associés à la partie motorisation du véhicule pour minimiser la pollution et la consommation du carburant. La climatisation et la suspension semi-active et active ont été intégrées sur le véhicule pour améliorer le confort des passagers. En matière de sécurité, le comportement dynamique a été amélioré grâce à l'intégration des systèmes d'assistances à la conduite tels que l'ABS, l'ASR, l'ESP et le contrôle actif anti-roulis. Cependant, les exigences croissantes des automobilistes en matière de

5

sécurité incitent les constructeurs et équipementiers à développer des systèmes d'assistance plus performants.

La problématique traitée dans ce projet rentre dans ce cadre. Elle consiste à développer des techniques et des méthodes innovantes pour l'augmentation de la sécurité embarquée à bord des véhicules routiers, mais également pour la mutualisation des paramètres de sécurité entre plusieurs véhicules qui ont la possibilité de communiquer entre eux. Les objectifs du projet sont les suivants :

- Étudier et développer des méthodes robustes pour le diagnostic et la surveillance de l'état du véhicule et des entrées inconnues, basées sur des techniques de synthèse d'observateurs TS.

- Étudier la synthèse d'observateurs pour l'estimation de la dynamique du véhicule et de l'infrastructure, qui n'intègrent pas seulement des mesures proprioceptives conventionnelles mais aussi la perception de l'environnement autour du véhicule fournie par des capteurs embarqués (caméras, télémètres lasers, radar, récepteur GPS, système de cartes numériques).

- Développer un système de communication et de partage d'information entre plusieurs véhicules pour un système de sécurité coopératif, qui devrait, avec les deux autres objectifs, déboucher sur la mise en œuvre d'un système d'aide à la conduite distribué/partagé et robuste.

- Un quatrième objectif, pas moins important, concerne la validation sur des plateformes expérimentales des méthodologies qui seront proposées dans le cadre des objectifs définis ci-dessus. Le dispositif expérimental inclura une supervision via GPRS .

1.2.2 Description du projet

Dans le domaine de l'automobile, la sécurité active continue à intéresser les constructeurs et les équipementiers automobiles. Il s'agit d'un enjeu majeur dont l'objectif est l'augmentation de la sécurité à bord des véhicules. Elle fédère les prospectives de nombreux constructeurs et équipementiers automobiles et elle est l'objet de plusieurs projets de recherches nationaux et européens en cours. Plusieurs pôles de compétitivité abordent cette thématique, parmi lesquels i-Trans. Dans le cadre du projet SEDVAC, l'objectif est d'apporter des contributions aux méthodes d'observation et de diagnostic de la dynamique du véhicules, en prenant en compte la perception de l'environnement délivrée par des capteurs embarqués sur le véhicule, les données de positionnement absolu par satellite, les systèmes d'information géographique et des données cartographiques. A cela s'ajoute un verrou scientifique majeur : le "diagnostic coopératif", où les éléments de la dynamique du véhicule ainsi que des attributs de la route sont estimés en intégrant des informations délivrées par plusieurs véhicules communicants entre eux. Ce contexte coopératif amène à étudier une méthodologie pour le développement d'un service de diffusion fiable d'information dans un réseau de véhicules dans un voisinage donné.

L'originalité des approches développées dans le projet se situe d'une part dans l'utilisation des techniques avancées de surveillance et de diagnostic des systèmes dynamiques non linéaires (approche floue/multimodèle) et d'autre part la prise en compte de l'interaction avec l'environnement en intégrant des informations issues de différents modes de perception (données satellitaire (GPS)/ cartographique, caméras embarqués,...). En effet, l'équipement d'un véhicule par un système couplant la dynamique du véhicule aux informations issues de l'environnement extérieur permettra, non seulement, d'améliorer la sécurité du conducteur mais également d'informer les conducteurs des véhicules suiveurs, des gestionnaires de trafic ou de l'infrastructure en utilisant les moyens de communications avancées.

1.2.3 Les différentes actions du projet

L'objectif principal du projet concerne le développement d'une nouvelle méthodologie pour l'observation des paramètres de la dynamique du véhicule et son interaction avec l'environnement dans un contexte de diagnostic coopératif. Les travaux du projet SEDVAC ont été menés autour de quatre actions :

Action 1 - Synthèse d'observateurs avec la perception de l'environnement
Cette action permettra d'étudier la synthèse des observateurs qui fournissent une estimation des paramètres de la dynamique du véhicule et de son interaction avec l'environnement qui l'entoure (par exemple, les forces de contact pneumatique/chaussée, les accélérations et vitesses, le coefficient d'adhérence, les irrégularités de la chaussée) pendant le déplacement du véhicule. Cette estimation est généralement basée sur la mesure des paramètres qui peuvent être fournies par des capteurs conventionnels, tels que les accéléromètres, les gyromètres et les codeurs. Ces capteurs fournissent essentiellement une information interne au véhicule (perception proprioceptive) sans aucune information sur l'évolution de l'environnement. Dans ce projet l'objectif est d'étudier l'intégration de la perception de l'environnement dans la boucle d'estimation des paramètres de la dynamique, et vérifier l'apport en précision et en robustesse. Ce point sera traité en se basant sur une partie des travaux développés dans l'action 2 (voir ci-dessous). La perception de l'environnement, ou de l'interaction véhicule/environnement (perception extéroceptive), est fournie par des capteurs embarqués (caméras, télémètres laser, radar, GPS, etc.). Tous ces capteurs sont installés sur la plate-forme expérimentale au laboratoire Heudiasyc de l'UTC.

Action 2 - Diagnostic et surveillance
Dans le cadre du diagnostic et surveillance des défauts, le projet s'intéresse aux méthodes basées sur un modèle de comportement. La représentation multimodèle (modèles flous de type

7

Takagi-Sugeno) et la formulation sous forme d'un problème d'optimisation convexe seront particulièrement considérées. En effet, le diagnostic de défauts modèles a été abordé en considérant la synthèse d'observateurs TS robustes (diagnostic robuste). Ainsi la synthèse d'observateurs à entrées inconnues pour les modèles TS incertains a été également considérée. Dans le cadre du projet, ces techniques seront utilisées afin d'estimer l'état du véhicule et les entrées inconnues (la courbure de la route, l'angle du devers, etc.) en considérant les incertitudes paramétriques dues aux erreurs de modélisation, aux variations des coefficients d'adhérence. L'objectif est également de développer et d'appliquer des méthodes de détection de défauts (modèles et capteurs) du véhicule en interaction avec son environnement.

Action 3 - Communication inter-véhicules

Pour le transport de données entre véhicules (des paramètres estimés par chaque véhicule : adhérence, profil de la chaussée, angle de dérive) et aussi sa position et sa perception locale de l'environnement (télémétrique et/ou visuelle), les spécificités des réseaux de véhicules doivent être considérés. Ces réseaux ne reposent pas sur une infrastructure fixe et présentent des caractéristiques très variables dans le temps et dans l'espace en terme de densité, d'homogénéïté des déplacements, des noeuds (directions, vitesses) et de voisinage. On les qualifie ainsi de réseaux ad hoc fortement dynamiques. Dans le cadre du présent projet, un nouveau protocole de diffusion fiable dans le voisinage sera étudié et développé. Ce protocole se basera très certainement sur les horloges vectorielles, qui permettent de détecter indirectement les pertes de messages dans le voisinage. En effet, les communications étant basées sur des diffusions de bas niveau, un simple système d'acquittement ne peut pas être utilisé. Ce protocole sera mis en œuvre sous la forme d'une nouvelle application compatible Airplug. Cette application fournira le service de diffusion fiable auquel fera appel l'application de transfert de données de perception. Les performances de ce service de diffusion fiable seront étudiées en environnement réel, en utilisant la norme IEEE 802.11.

Action 4 - Validation expérimentale

La validation expérimentale des algorithmes développés sera effectuée sur la plate-forme expérimentale du laboratoire Heudiasyc, constituée de deux véhicules expérimentaux équipés en capteurs et architectures informatiques dédiées. Le laboratoire Heudiasyc a développé la suite logicielle Airplug permettant les échanges de données entre véhicules en mouvement. Airplug est basé sur une architecture robuste à base de processus, et permet de mettre en relation des applications réparties sur des véhicules distants à l'aide d'un protocole simple, adapté à la dynamique du voisinage en limitant le contrôle du réseau. Afin de mener à bien les expérimentations, les dispositifs expérimentaux incluront une supervision au laboratoire. Les données expérimentales seront transmises des voitures vers le laboratoire grâce à une communication GPRS. La société WiDeHouse prendra en charge la communication entre les véhicules et le serveur distant (le laboratoire). C'est un outil (software et hardware) permettant à la fois la localisation via le GPS ainsi que la communication via le GSM/GPRS. L'objectif de cet outil consiste d'une part à communiquer avec le matériel embarqué sur le véhicule (Airplug, Scooter) et d'autre part à transmettre vers le serveur en temps réel ces données y compris la position GPS pour y être traitées.

1.3 Objectifs de la thèse et principales contributions

Les objectifs de ce travail de thèse s'inscrivent dans les principales actions du projet SEDVAC. Afin de répondre aux attentes du projet, quatre objectifs principaux ont été définis :

- Développer des techniques d'évaluation de la dynamique du véhicule et des attributs de la route qui sont nécessaire à l'élaboration d'un système d'alerte pour le conducteur.
- Proposer des méthodes d'estimation robustes qui prennent en compte le comportement du véhicule avec son infrastructure dans des situations critiques.
- Développer des indicateurs de risque et des algorithmes de prédiction et de détection des accidents pour les situations les plus dangereuses.
- Mener des tests à travers des scénarios de conduite sur des simulateurs réalistes et des véhicules expérimentaux.

Ce travail a été organisé pendant les trois années de thèse de manière à traiter et atteindre tous les objectifs définis ci-dessus. Plusieurs travaux ont été effectués dans ce contexte. Des travaux qui ont donné des résultats satisfaisants sur l'estimation de la dynamique du véhicule et des attributs de la route et sur l'évaluation des risques de renversement et des sorties de route des véhicules. Les principales contributions de ce présent travail peuvent être déclinées dans les points suivants :

1. *Synthèse d'observateurs robustes et d'observateurs à entrées inconnues.* En utilisant la représentation de type TS (Takagi-Sugeno) et l'approche H_∞ des observateurs sont développés pour l'estimation de la dynamique du véhicule et les attributs de la route. La représentation de type TS permet de prendre en compte les non-linéarités des forces latérales, cela élargie le domaine de validité du modèle du véhicule utilisé et donne la possibilité de traiter des situations critiques de la conduite automobile. Nous avons proposé des techniques pour l'estimation de la courbure de la route et de la dynamique du véhicule en présence du dévers de la route. les variables estimées sont ensuite utilisées pour caractériser le risque

des sorties de route et des renversements.

2. *Évaluation de la dynamique du véhicule pour la détection des sorties de route.* La trajectoire du véhicule comparée à la courbure de la route estimée, constitue un premier indicateur de risque. Un deuxième indicateur est calculé à partir de ce dernier et les actions entreprises par le conducteur. Il caractérise à toute instant le temps nécessaire pour revenir dans une situation de conduite idéale. L'algorithme ainsi développé aura une meilleur anticipation de détection et limitera les fausses alarmes.

3. *Évaluation de la dynamique du véhicule pour la détection des renversements.* Des techniques robustes d'estimation de la dynamique du roulis en présence du dévers de la route ont été développées. L'indicateur de renversement utilisé est basé sur le transfert de charge latérale dynamique (LTR_d : Load Transfert Ratio). Contrairement au transfert de charge latérale calculé à partir des forces verticales de contact pneumatique-chaussée, le LTR_d est calculé uniquement à partir des variables de la dynamique du véhicule estimées ou facilement mesurables. Une méthode d'estimation du temps à renversement (TTR) est également proposée dans ce présent travail. Ce dernier permet de caractériser le temps restant pour le début d'un renversement et assure une plus grande anticipation dans la détection de ce genre d'accident.

4. *Validation expérimentale et sur simulateur des techniques développées.* Les différentes approches développées pour l'estimation de la dynamique du véhicule, l'estimation de la courbure de la route, la détection des sorties de route et la détection des renversements ont fait l'objet de plusieurs tests sur le simulateur CarSim et en expérimentation sur des véhicules réels. A travers plusieurs scénarios de conduite, nous avons pu vérifier l'efficacité des méthodes utilisées et obtenir des résultats satisfaisants.

1.4 Organisation

1.4.1 Organisation du travail

Une étude bibliographique a été effectuée pendant les premiers mois du projet et nous a permis de définir des priorités pour les situations à traiter et les techniques qui seront exploitées. Nous nous sommes intéressés à deux situations les plus accidentogènes, à savoir les sorties de routes et les renversements des véhicules. Nous avons également fixé les outils et les techniques à utiliser tel que la dynamique du véhicule, les modèles TS, les estimateurs, ...etc. Des outils sur lesquels l'équipe COVE du MIS a réalisé plusieurs travaux durant ces dernières années. Pendant la première année du projet, des techniques pour l'estimation de la courbure de la route et la détection des sorties de route ont été développées et testées en simulation. Nous avons lors de la deuxième année du projet continué à étendre nos travaux pour traiter les situations de renversement des véhicules et améliorer la robustesse des approches utilisées. Comparées aux systèmes existants tel que le système de franchissement de ligne (LDW de Delphi, Boch, PSA) les approches développées ont l'avantage de prendre en compte lors de calcul des indicateurs de risque, le comportement du conducteur ainsi que les attributs de la route (courbure, dévers,...etc.). Des validations sur un simulateur de la dynamique du véhicule (CarSim) ont été effectuées afin de tester l'efficacité de l'approche et faciliter les tests sur un véhicule expérimental. La troisième année de travail a permis de perfectionner les différentes simulations, de réaliser des validations expérimentales et enfin de rédiger ce présent rapport de thèse.

1.4.2 Structure du mémoire

Ce présent mémoire est rédigé en quatre parties principales. La première partie (Introduction) comporte ce présent chapitre qui présente les motivations, le contexte de la thèse et une description du projet SEDVAC. Un second chapitre sur les systèmes de prévention et d'aide à la conduite est également inclus dans cette première partie. Ce chapitre décrit les différents types d'accidents et les assistances qui peuvent être proposées au conducteur afin d'éviter l'accident où d'en limiter les conséquences. La deuxième partie (Modélisation du véhicule et synthèse des observateurs) est composée de deux chapitres, le chapitre 3 et le chapitre 4. Le chapitre 3 porte sur la dynamique du véhicule et expose les différents mouvements de ce dernier et les modèles de la dynamique latérale et du roulis. Le chapitre 4 donne un état de l'art sur les modèles TS, les observateurs et les observateurs TS. La partie III (Contribution à l'évaluation de la dynamique du véhicule) est composée de trois chapitres (chapitre 5, 6 et 7). Ces chapitres exposent les travaux effectués et les contributions de la thèse sur l'évaluation de la dynamique du véhicule pour la détection des sorties de route et des renversements. La représentation T-S du modèle de la dynamique latérale du véhicule, la synthèse de l'observateur pour l'estimation de la dynamique du véhicule et la courbure de la route ainsi que l'algorithme développé pour la détection des sorties de route sont détaillés dans le chapitre 5. Le chapitre 6 donne les différentes étapes suivies pour caractériser le risque de renversement ainsi que la représentation T-S du modèle dérive-lacet-roulis du véhicule et l'estimation du LTR et du TTR. Tandis que le chapitre 7 est complètement consacré aux validations des approches proposées dans ces deux derniers chapitres sur simulateur et sur des véhicules expérimentaux. Enfin la quatrième et dernière partie (Conclusion) se compose d'un seul chapitre (chapitre 8) qui conclue ce présent rapport et dresse un bilan du travail effectué à travers une conclusion générale et les perspectives d'avenir des recherches menées dans cette thèse.

Bibliographie

[Nht03] N.H.T.S.A Technical Report. "Motor Vehicle Traffic Crash Injury and Fatality Estimates". NCSA (National Center for Statistics and Analysis) Advanced Research and Analysis, 2003.

[Bar02] F. Bar and Y. Page, An empirical classification of lane departure crashes for the identification of relevant counter-measures,*46th AAAM Conference* Florida,USA,2002.

[Bou07] C.Boussard ,*Estimations embarquées de conditions de risque*, Thèse de l'école des mines de Paris, 2007.

[Gla05] S.Glaser, S. Mammar, M. Netto and B.Lusetti, Experimental Time to Line Crossing validation, *IEEE Conference on Intelligent Transportation Systems*, Vienna, Austria, 2005.

[Mam07] S.Mammar, S.Glaser and Y.Sebsadji, Time-to-Line-Crossing : from Perception to Control Variable, *IEEE Intelligent Transportation Systems Conference*, Seattle, WA, USA, 2007

Chapitre 2

Les systèmes de prévention et d'aide à la conduite

2.1 Introduction

Les systèmes d'aide à la conduite (ADAS[1]) sont des systèmes mettant en œuvre des moyens artificiels de perception et des moyens soit d'action sur le véhicule, soit d'information vers le conducteur. Les ADAS constituent un des volets des systèmes de transports intelligents dont le

---

1. Advanced Driver Assistance Systems

dénominateur commun actuel est "télécommunication, localisation et traitement de l'information". Du fait que les ADAS augmentent les facultés de perception et d'action du conducteur. Enfin, c'est une préoccupation très sociétale compte tenu des nombreux drames engendrés par les accidents de la route dans le monde. En effet ces derniers font plus de 1,2 million de morts et environ 50 millions de blessés dans le monde chaque année [Oms09].

Les systèmes d'assistance à la conduite aident les conducteurs à éviter un accident et permettent d'en minimiser les conséquences en évaluant la nature et l'imminence du danger. Ils réagissent en fonction de ces deux critères en alertant le plus tôt possible le conducteur du danger potentiel, avertissant de façon plus directe le conducteur lorsque celui-ci n'a pas réagi à la première alerte et aide le conducteur de façon active ou bien en intervenant directement de manière à prévenir l'accident ou à en minimiser ses conséquences. Ces systèmes de sécurité préventive aident aussi les conducteurs à :

- maintenir une vitesse sûre
- conserver les distances de sécurité
- rester sur leur voie
- éviter les dépassements en situation critique
- appréhender les croisements
- éviter les collisions avec les usagers vulnérables
- minimiser la sévérité d'un accident lorsque celui-ci se produit.

Dans ce chapitre, nous présentons brièvement les différents systèmes d'aide à la conduite développés et commercialisés ces dernières années ainsi que les projets de recherche qui ont été menés récemment dans l'objectif de développer plus de fonctionnalités et d'améliorer les systèmes existants. Par la suite, nous aborderons les différents types d'accidents en particulier les accidents par sortie de route et les renversements des véhicules qui ont fait l'objet du projet SEDVAC et de ce présent travail.

2.2 Sécurité passive et sécurité active

Les termes "actif" et "passif" sont des termes simples, mais importants dans le monde de la sécurité automobile. La "Sécurité active" ou "sécurité primaire" est utilisée pour désigner la technologie d'aide à la prévention d'un accident. Elle fait référence à l'ensemble des éléments liés au véhicule ainsi qu'à l'homme et à l'environnement qui par leur présence ou leur fonctionnement peuvent éviter qu'un accident ne se produise. Elle est donc en action avant l'accident. La "sécurité passive" ou "sécurité secondaire" est l'ensemble des éléments qui par leur présence ou leur fonctionnement peuvent minimiser la gravité d'un accident lorsque la sécurité active n'a pas permis de l'éviter. Elle est assurée par des composants du véhicule (principalement airbags, ceintures de sécurité et de la structure physique du véhicule) qui aident à protéger les occupants lors d'une collision.

2.3 Les différents systèmes d'assistance à la conduite

Depuis quelque temps, on trouve sur le marché du secteur de l'assistance à la conduite des systèmes avec différentes fonctionnalités et différents objectifs. Il existe des systèmes actifs qui aident à maintenir une stabilité optimale du véhicule même dans les situations les plus critiques, des système d'alerte et d'avertissement du conducteur et des systèmes de régulation des fonctionnalités du véhicule. Le dénominateur commun entre tous ces systèmes et l'évitement d'accidents et la limitation des conséquences, voici quelques unes des technologies les plus réussies dans ce domaine :

- **Le système de freinage antiblocage - ABS** [2] : Le système ABS empêche les roues de se bloquer en dosant automatiquement la pression de freinage lorsque le conducteur appuie fortement sur le frein. Sur sol glissant, avec un mauvais contact entre le pneu et la chaussée, les roues se bloquent facilement et il devient impossible de maîtriser le véhicule. En empêchant les roues de se bloquer, le système permet au conducteur de garder la maîtrise de sa conduite et d'arrêter le véhicule sur la distance la plus courte possible dans la plupart des conditions.

   Le système détecte les décélérations soudaines dans la rotation de chaque roue et réduit la pression exercée sur ce frein jusqu'au moment où il détecte à nouveau une accélération. Il peut intervenir très rapidement, avant même que le pneu ait changé de vitesse de manière significative. Ceci a pour résultat que le pneu ralentit au même rythme que le véhicule, les freins maintenant les pneus très près du point auquel ils commenceront à se bloquer. Ce système confère au véhicule une puissance de freinage maximale.

   L'ABS a été utilisé pour la première fois dans les voitures en 1970. En 2006, 91% des nouveaux véhicules en étaient équipés et le taux de pénétration était de 66% de l'ensemble du parc automobile européen [Int10].

- **La technologie du régulateur de vitesse adaptatif** -ACC[3] : La technologie du régulateur de vitesse adaptatif (ACC) va plus loin qu'un régulateur de vitesse standard car elle

---

2. Anti-lock braking system
3. Adaptative Cruise Control

adapte automatiquement la vitesse du véhicule et sa distance par rapport au véhicule précédent. Ceci est rendu possible par l'utilisation d'un capteur radar à longue portée, d'un transformateur de signal et d'un contrôle longitudinal du véhicule. Si le véhicule qui vous précède ralentit ou si la présence d'un autre objet est détectée, l'ACC ajuste la vitesse et la progression de votre véhicule de manière correspondante sans que vous ayez à intervenir. Une fois la route dégagée, le système accélère pour rétablir la vitesse du véhicule. Comme c'est le cas avec le régulateur de vitesse standard, le conducteur peut reprendre le contrôle de son véhicule à tout moment. Les systèmes ACC actuels sont essentiellement des fonctions de confort à plage de vitesse limitée.

L'ACC à plage de vitesse intégrale rendra les systèmes plus sûrs et encore plus faciles à utiliser. Au besoin, le système ralentira le véhicule jusqu'à l'immobilisation en utilisant sa pleine puissance de freinage au lieu de se couper à une certaine vitesse comme c'est le cas aujourd'hui. Ce système détectera également lorsque le véhicule précédent se remet en mouvement et l'annoncera généralement au conducteur par un signal acoustique.

Le véhicule accélérera enfin automatiquement pour se remettre à la vitesse présélectionnée tout en maintenant la bonne distance par rapport au véhicule qui précède et s'adaptera au rythme du trafic.

- **Les phares adaptatifs** Des phares adaptatifs peuvent diriger les faisceaux en déplaçant chaque phare vers la gauche, la droite, le haut ou le bas en fonction de l'angle du volant, de la vitesse et du mouvement du véhicule. Ceci maintient le sol correctement éclairé lorsque le véhicule pique du nez en cas de forte décélération, évite que le faisceau éclaire le ciel lorsque le véhicule accélère et garantit également que le faisceau éclaire la chaussée dans un tournant au lieu d'éclairer le côté de la route.

Les phares adaptatifs sont disponibles en option sur plusieurs modèles européens.

- **eCall :** Lorsqu'un accident de la route survient, la rapidité de mobilisation des services de secours est de la plus haute importance pour sauver des vies ou réduire la gravité des blessures. Dans l'éventualité d'une situation d'urgence ou même d'un accident, l'eCall peut réduire considérablement le temps d'intervention des services d'urgence.

L'eCall peut être déclenché soit manuellement par les occupants du véhicule, soit automatiquement par l'activation en cas d'accident de capteurs situés à l'intérieur du véhicule. Le système embarqué eCall établit une connexion vocale directe, via un numéro d'urgence, avec le centre de réception des appels d'urgence et envoie des informations capitales telles que l'heure et le lieu de l'accident et une description du véhicule impliqué. Les informations envoyées peuvent également inclure un lien vers un éventuel prestataire de services en incluant son adresse IP et son numéro de téléphone. Si l'utilisateur est abonné auprès d'un prestataire de services, celui-ci peut adresser des informations complémentaires au centre de réception des appels d'urgence.

À partir de 2012, tous les nouveaux véhicules devraient être équipés du système eCall.

- **Le système de freinage électronique** -EBS[4] : Le système de freinage électronique (EBS) est une aide très efficace dans les situations de freinage d'urgence lorsque le conducteur souhaite immobiliser son véhicule le plus rapidement possible. Dans pareilles situations, la plupart des conducteurs appuient rapidement sur le frein, mais pas à la pression maximale, et cette puissance de freinage insuffisante engendre des distances de freinage dangereusement longues. Le système se déclenche lorsque l'assistance au freinage détecte que le coup de frein brusque donné par le conducteur est un « freinage d'urgence » typique. Il active alors immédiatement la puissance de freinage maximale. Même une force modérée exercée sur la pédale engendre une décélération maximale. Ceci peut aider à éviter un accident ou à réduire la gravité en réduisant la vitesse au moment de la collision.

- **Le contrôle électronique de stabilité** -ESC[5] (également ESP[6]) : De nombreux accidents sont dus, en partie tout au moins, à la perte de contrôle du véhicule par le conducteur. Une telle perte de contrôle peut avoir de nombreuses causes : une mauvaise appréciation du conducteur (par exemple, vitesse trop élevée dans un virage), une manœuvre brusque pour éviter un danger, ou encore un sol glissant. Dans ces circonstances, le véhicule dépasse souvent la limite de traction des pneus sur la route et le véhicule glisse : soit il ne peut tourner suffisamment vite (sous-vire), soit il tourne trop vite et part en tête-à-queue (survire). Si le conducteur perd le contrôle de son véhicule, il devient très difficile de manœuvrer en toute sécurité et cela débouche souvent sur un accident. Éviter une telle perte de contrôle ou la corriger lorsqu'elle est amorcée peut aider à éviter l'accident.

Le contrôle électronique de stabilité calcule l'écart entre la trajectoire du véhicule et la direction voulue. Sans que le conducteur intervienne, de petites impulsions de freinage sont appliquées distinctement sur chaque roue, ce qui permet de ramener le véhicule dans l'orientation voulue. Le conducteur reste maître du véhicule et ne remarque souvent même pas que le système de contrôle de stabilité est intervenu.

Utilisé pour la première fois en 1995, le système, qui est basé sur l'ABS, avait en 2005 un taux de pénétration de 40% dans les nouvelles voitures.

---

4. Electronic Braking System
5. Electronic Stability Control
6. Electronic Stability Program

- **L'indicateur de changement de vitesse :** Un indicateur de changement de vitesse aide le conducteur à adopter une conduite défensive, lui permettant d'économiser du carburant et de rouler d'une manière plus douce et plus économique. Il émet un avertissement visuel au moment où il faut changer de vitesse. Le système de gestion du moteur fournit à l'indicateur de changement de vitesse toutes les informations requises. Il ne s'agit que d'un simple dispositif qui indique au conducteur d'un véhicule à boîte à vitesse manuelle quand passer à la vitesse supérieure et quand rétrograder.

- **L'avertisseur d'obstacle et de collision :** L'avertisseur d'obstacle et de collision aide le conducteur à éviter les accidents ou à en atténuer les conséquences en détectant les véhicules ou autres obstacles qui se trouvent devant lui sur la route et en l'informant du danger imminent de collision. Les solutions actuelles, à efficacité limitée, sont une fonction complémentaire du régulateur de vitesse adaptatif et utilisent des informations provenant de capteurs radar pour fournir des signaux visuels et sonores. À l'avenir, les systèmes utiliseront des capteurs radar à longue/courte portée ou LIDAR et un système de traitement des images vidéo ou une combinaison de ces capteurs. Outre l'avertissement donné au conducteur, le système peut également informer préventivement le système de freinage afin qu'il puisse donner toute sa puissance (assistance de freinage) dès que le conducteur appuie sur le frein, ou armer préalablement les airbags ou les prétensionneurs de ceinture de sécurité afin de préparer le véhicule à une collision imminente.

  Les avertisseurs d'obstacle et de collision sont proposés en option sur plusieurs modèles européens.

- **Le système de surveillance de la pression des pneus (TPMS) :** Le système de surveillance de la pression des pneus est un dispositif électronique qui surveille la pression de l'air à l'intérieur des pneus.

  - Le TPMS direct fournit en temps réel des informations sur la pression des pneus. Le conducteur est informé soit au moyen d'une jauge, soit au moyen d'un témoin lumineux de sous-pression. Le TPMS direct fonctionne grâce à des détecteurs physiques de pression, montés à l'intérieur de chaque pneu, combinés à un système permettant d'envoyer ces informations de l'intérieur du pneu vers le tableau de bord du véhicule.

  - Le TPMS indirect mesure la pression de l'air de manière indirecte, en surveillant la vitesse de rotation de chaque roue et certains autres signaux propres au véhicule.

  Le système de surveillance de la pression des pneus améliore la sécurité du véhicule, aide le conducteur à maintenir les pneus de son véhicule en bon état et aide donc à réduire les émissions de CO^2.

2.4 Les projets de recherche en rapport avec les transports intelligents

Le monde de la recherche a commencé à se mobiliser autour des années 1960 pour lutter contre les effets néfastes des congestions. En effet, la congestion globale des infrastructures de transport représente un coût socio-économique important en termes de pollution de l'air, de consommation de carburant et donc d'émissions de gaz à effet de serre (GES) ainsi que de temps perdu par les usagers dans les transports. Dans les années 80 - 95, plusieurs investissements ont été fait par les pays développés dans l'information routière embarquée. Des projets ambitieux, comme PROMETHEUS (1986-1995) et PREDIT [7] (à partir de 1990)en Europe, PATH (lancé en 1986) aux États-Unis ou RACS et ASV au Japon, visaient principalement les systèmes avancés de gestion du trafic et d'information aux voyageurs et aux conducteurs.

Pendant la période 1995-2000 les recherches se sont orientées fortement vers la réalisation de l'autoroute automatisée. Aux Etats Unis le projet AHS conduit par le consortium public-privé NAHSC [8] et financé par l'USDOT [9] a abouti à des résultats bénéfiques pour la sécurité [Ste98]. Pendant cette dernière décennie (2000-2010), les aspects de la mobilité durable, de la multimodalité et surtout de la sécurité routière ont été renforcés. Ainsi le programme de recherche PREDI a été reconduit à travers le PREDIT3 (2002-2007) et le PREDIT4 (2008-2012). Le projet ARCOS, financé par le PREDIT2, s'est déroulé sur 3 ans pour s'achever fin 2004 visait l'amélioration de la sécurité routière, avec un objectif à terme de réduction des accidents de 30% à travers le développement de plusieurs fonctionnalités de détections des accidents.

Projet ARCOS - Action de Recherche pour la COnduite Sécurisée

Le projet français ARCOS, d'une durée de 3 ans, 2001-2004, a fait partie des travaux de recherche conduits dans le cadre du PREDIT 2. Ce projet financé à hauteur de 15 millions d'euros, a réuni une soixantaine de partenaires. Les travaux du projet ARCOS ont été menés autour de quatre fonctions génériques [Arc04] :

1. gérer les interdistances entre véhicules,

2. prévenir les collisions sur obstacles fixes, arrêtés ou lents,

3. prévenir les sorties de route,

4. alerter les véhicules en amont d'accidents / incidents.

---

7. Programme de Recherche et d'Innovation dans les Transports Terrestres
8. National Automated Highway System Consortium
9. U.S. Department of Transportation

La démarche du projet ARCOS a cherché à être complète grâce à une organisation en 10 thèmes : techniques de perception, visibilité et adhérence, traitement de l'information et élaboration de l'action, communication, évaluation et accidentologie, système homme-machine, acceptabilité sociale individuelle, aspects socio-techniques collectifs, moyens expérimentaux, pilotage fonctions. Plusieurs modes de coopération entre le système d'aide à la conduite et le conducteur ont été proposé. Il peuvent être de plus en plus intrusifs allant de la simple information jusqu'à l'automatisation complète d'une fonction de conduite :

– *Mode instrumenté :* des informations sont fournies au conducteur ; elles peuvent être issues directement des capteurs et affichées après traitement, ou reconstruites à partir d'observateurs.

– *Mode avertissement :* le traitement de l'information est plus élaboré, le diagnostic de la situation permet l'émission d'une alerte lors de l'occurrence d'un événement risqué.

– *Mode limite :* Les actions du conducteur sont limitées afin d'éviter la transition vers la zone à risque.

– *Mode médiatisé :* Les actions du conducteur ne sont pas directement transmises aux organes, elles subissent un traitement préalable.

– *Mode régulé :* certaines tâches de conduite sont complètement délégués au contrôleur.

– *Mode automatisé :* Dans ce cas, le conducteur est complètement déchargé du processus de conduite.

Projet CVIS - Systèmes coopératifs Véhicule-Infrastructure

CVIS est un projet européen mis en place dans le cadre du 6ème PCRD, qui a débuté en Février 2008 pour une durée de 4 ans, avec un budget de 41 millions d'euros. L'objectif est ambitieux : il s'agit de développer la coopération véhicule-infrastructure pour améliorer la sécurité routière, optimiser le trafic et réduire les impacts environnementaux des transports. Le projet comporte 60 partenaires dont ASF [10], la communauté urbaine de Lyon, l'INRIA, l'IFSTTAR [11] et Renault. CVIS a pour buts de développer :

– un terminal réseau standardisé permettant la communication véhicule-véhicule et véhicule-infrastructure,

– des techniques pour améliorer la connaissance de la position des véhicules, et la visualisation sur carte, en utilisant notamment Galileo,

– de nouveaux systèmes coopératifs pour la gestion du trafic et la détection automatique des

---

10. Autoroutes du Sud de la France
11. Institut français des sciences et technologies des transports, de l'aménagement

incidents,

– de nouvelles applications innovantes coopératives pour l'assistance à la conduite
– des outils pour identifier les enjeux de déploiement non techniques.

Projet SAFELANE

Le sous-projet SAFELANE du projet PReVENT a débuté en 2004 pour une durée de 4 ans, il avait pour objectif de développer un système de maintien de voie qui fonctionne d'une manière efficace et sûre, dans des conditions de chaussées et des situations de conduite défavorables (dégradées). Lorsqu'une sortie involontaire de la voie est détectée, un système adaptatif de décision déclenchera une alerte au conducteur ou bien une action active de commande sur la direction, pour rétablir le véhicule dans une situation sure. Il utilise une caméra, une base de données cartographique digitale et en option les détecteurs actifs (par exemple : radar, lidar, laser). Le développement de SAFELANE est basé sur les concepts principaux suivants :

– Fusion de système de détection de marquages par vision avec les caractéristiques des cartes digitales (en coopération avec le sous-projet horizontal MAPS et adas de PReVENT) et les données supplémentaires des capteurs actifs.
– Système de décision adaptatif pour l'analyse et la compréhension de la situation, y compris le calcul et l'estimation précise de la trajectoire du véhicule.
– Système actif de direction, pour assister le conducteur, afin d'éviter une sortie involontaire de la voie, en utilisant une correction haptique de la direction.

Projet PREVENSOR

Le projet PREVENSOR, dans la continuité du projet ARCOS et en lien avec le programme européen PReVENT, a conduit un ensemble de travaux dont l'objectif commun a été de contribuer à la conception ergonomique des assistances à la conduite pour la prévention des sorties de voie. Cet objectif a été poursuivi dans le cadre d'une collaboration interdisciplinaire entre des chercheurs en Sciences du Comportement (Équipe PsyCoTec de l'IRCCyN et Laboratoire "Mouvement et Perception") et en Automatique (LIVIC), avec un support scientifique et technique des constructeurs automobile (Renault et PSA). PREVENSOR propose un ensemble de six sous-projets articulés autour de l'élaboration d'une fonction de risque de sortie de voie. Le but est de réaliser le maintien d'un référentiel commun pour l'évaluation des risques de sortie de voie, condition nécessaire à une coopération satisfaisante entre dispositifs et conducteur [Mar08]. Le projet 1 s'est intéressé aux relations fonctionnelles entre les stratégies d'exploration visuelle du conducteur et le contrôle de la trajectoire. L'accent a été mis sur l'utilisation du point tangent, connu pour être un point de fixation privilégié par les conducteurs et également discriminable dans la scène visuelle à l'aide de capteurs embarqués. Dans le cadre du projet 2, différents travaux ont visé à estimer les indices visuels privilégiés lors du contrôle latéral de la trajectoire du véhicule. Deux paradigmes expérimentaux complémentaires ont été utilisé pour cela, cherchant à confronter l'utilisation du temps à sortie de voie (TLC) avec celle de l'écart latéral ou du point tangent. Parallèlement aux deux projets précédents, un travail a été mené pour développer et valider sur véhicule réel des outils de mesure de l'angle au point de corde et du TLC. Une méthodologie de validation assurant la pertinence de l'indicateur a été développée. Ensuite, la validité des mesures issues d'un capteur fondé sur la vision a été déterminée. L'objectif du projet 4 était d'établir et d'évaluer une fonction de risque commune entre le conducteur et un dispositif d'assistance au contrôle de la trajectoire en virage. La première partie du projet a consisté au développement de critères de risque sur la base d'un ensemble d'indicateurs de la conduite, y compris ceux étudiés dans les projets 1 à 3. Le projet 5 a porté sur plusieurs modalités d'intervention d'assistances au contrôle latéral du véhicule. Les premiers travaux sur une assistance appelée "amorçage moteur" (vibration asymétrique du volant) ont mis en évidence une plus grande efficacité de ce type d'assistance lors de situations critiques, par comparaison à des dispositifs d'alerte plus classiques (stimulations auditives ou tactiles). L'intrusivité perçue des différentes modalités en serait une cause première. Une autre étude portant sur la délégation du contrôle latéral à un automate a mis en évidence des difficultés de reprise en main lorsque le dispositif se trouvait en situation d'invalidité. Ces difficultés semblent liées à la décision de revenir en contrôle manuel, plutôt qu'à une négligence des informations visuelles qui sous-tendent le contrôle latéral.

Les résultats acquis dans PREVENSOR ont permis le développement d'un prototype sur la base d'un véhicule de PSA. L'architecture matérielle a été calquée sur celle des véhicules du LIVIC, hormis pour la partie colonne de direction, développée spécialement par PSA. Plusieurs modes de partage de la conduite y ont été intégrés : avertissement, amorçage moteur et mode correctif. Le véhicule a été présenté lors du Carrefour PREDIT du 5 au 7 mai 2008.

PREVENSOR a ainsi approfondi la compréhension des problèmes liés à la coopération homme-machine et a permis le développement de nouveaux principes de conception centrés sur le conducteur. Si certains problèmes ont été identifiés et résolus, il demeurent plusieurs questions restant à traiter pour s'approcher de dispositifs opérationnels efficaces dans des conditions réelles de conduite

Les projets de recherche dans le monde

Plusieurs programmes de recherches dans le domaine de la sécurité routière ont été lancés ces deux dernières décennies, impliquant plusieurs acteurs (ministères, industriels, universités, organismes de recherche).

Projet IVI (intelligent véhicule initiative), USA

Durant les années 90, la recherche aux Etats-Unis était centrée sur l'automatisation de la conduite avec un objectif annoncé, l'amélioration des performances des réseaux. Ceci s'est traduit en l'occurrence par l'émergence de la conduite automatisée en file de véhicules communicants. Les laboratoires des universités de Californie (Berkeley, Stanford, Santa Barbara) et Carnegie Mellon sont les plus actifs dans ce domaine. Depuis, les projets de route automatisée ont été mis en veille, les recherches se sont recentrées sur la sécurité avec le projet IVI et des applications plus ciblées comme le guidage des chasses-neige [Bis03]. Les situations critiques abordées sont :

– La prévention des accidents consécutifs aux changements de voie.
– La prévention des collisions aux intersections.
– La prévention des sorties de route.
– La détection de la baisse de vigilance.

Projet VII (Vehicle infrastructure intégration), USA

Ce projet vise à rendre la route parcourue par le véhicule lisible, en intégrant toute les informations relatives au trafic et aux incidents qui peuvent survenir En utilisant une technologie de pointe (Communication sans fil, processeurs embarqués, navigation GPS), le projet VII permettra aux véhicules de détecter les dangers et les incidents et communiquer ces informations aux autres véhicules et pour l'infrastructure à travers un réseau sans fil (V2V, V2I).

Project ASV (Advanced Safety Vehicle), JAPAN

Les recherches sur les transports intelligents au Japon font l'objet d'une coordination forte entre cinq ministères (construction, industrie, transport, intérieur et télécommunications) et d'associations de constructeurs (JARI) et de partenaires du secteur privé (AHSRA). Le projet ASV s'emploie à la sécurisation de 7 situations de conduites jugées les plus accidentogènes. Par ailleurs, des services reposant sur d'importants équipements de l'infrastructure sont développés, le but ultime étant l'automatisation de la conduite [Tsu01].

25

2.5 Les facteurs d'accidents relatifs au véhicule et au conducteur

De nombreuses analyses ont permis d'identifier les principaux facteurs accidentogènes : inattention, fatigue, malaise, assoupissement, alcool, vitesse excessive, interdistances réduites, mauvaise météo et mauvaise prise en compte de cette dernière, présence d'usagers vulnérables (piétons, etc.), obstacles, défaillances mécaniques (en particuliers les crevaisons de pneumatiques). Ces facteurs concernent des défaillances physiques du conducteur, des fautes conscientes, une sous-estimation des risques, des facteurs liés à l'environnement et des défaillances des véhicules [Lau02].

Les études réalisées pour déterminer les causes, la nature et les conséquences des accidents ont montré que la principale catégorie d'accidents est représentée par les accidents concernant un véhicule seul, avec 37% des accidents. 16% de cette catégorie représente un véhicule seul et un piéton. La catégorie des accidents qui concernent des collisions frontales entre véhicules représente 11% des accidents. Un accident de type véhicule seul est le produit d'une relation défectueuse entre le conducteur, le véhicule routier et l'environnement routier. Donc, nous résumons les principaux facteurs de ces accidents en deux grandes familles principales [Gla04][Del04][Mic05] :

- Perte de contrôle du véhicule liée à ses caractéristiques mécaniques, à celles de l'infrastructure et aux conditions du trafic et de l'environnement,
- Défaillance du conducteur liée à ses propres limites physiologiques (perception de l'environnement routier, perte d'attention, fatigue...) et au non-respect des règles de conduite.

Les accidents qui proviennent sur une perte de contrôle du véhicule sont causés, généralement, par un non-respect des vitesses autorisées. Dans les deux cas, la majorité des accidents présentent comme facteur aggravant une vitesse supérieure à celle autorisée. Près de 50% des automobilistes ne respectent pas les limitations de vitesse. Sous l'angle de l'amélioration de la sécurité, les systèmes d'aide à la conduite peuvent être considérés comme des dispositifs de sécurité active qui concernent toutes les phases qui précèdent l'accident : perception, analyse, décision et action. En effet, grâce à des capteurs et des moyens de traitement embarqués, ces systèmes sont capables de surveiller l'environnement proche. Des moyens de communication leur permettent également de réagir à des incidents plus éloignés au-delà de la portée des capteurs.

2.6 Les sorties de route des véhicules

Les accidents par sortie de route du véhicule représentent une grande partie de l'accidentologie globale et du nombre des tués sur les routes. Cela a motivé notre choix de traiter cette situation en plus des renversements des véhicule. Cette section présente les conditions et les causes qui mènent aux accidents par sortie de route.

Le département Mécanismes d'Accidents de l'INRETS a mené une étude qui a porté principalement sur une analyse approfondie de 84 cas d'accidents de perte de contrôle du véhicule en virage [Mic05]. Cette étude a permis d'accéder à une meilleure connaissance des conditions et mécanismes des accidents de perte de contrôle en courbe.

La phase d'analyse consiste en une décomposition du scénario d'accident en termes de séquences d'événements :

1. La situation de départ : spécifie les conditions générales dans lesquelles le déplacement a été entrepris, de point de vue notamment des motifs de trajet, du choix de l'itinéraire, etc.

2. La situation de conduite : est celle dans laquelle se trouve l'usager avant qu'un problème ne se manifeste. C'est la situation normale ou stable.

3. La situation d'accident : correspond au moment, en général très bref, où une rupture se produit par rapport à la séquence précédente et qui va basculer le conducteur vers une situation d'urgence.

4. La situation d'urgence : est la période pendant laquelle le conducteur va tenter de revenir à la situation normale en engageant une manœuvre d'urgence.

La mise en évidence de ces situations permet de reconstituer de manière homogène les différentes étapes séquentielles de l'accident. L'analyse se focalise sur la situation dite "d'accident", étape qui fait basculer le conducteur d'une situation de conduite normale vers une situation de conduite dégradée. Sur la base des mécanismes en jeu dans la situation d'accident pour les différents cas, l'analyse a d'abord conduit à distinguer deux grandes familles de sorties de voie, selon le mécanisme de basculement de la situation de conduite vers la situation d'accident [Sen07] :

– Les accidents liés à un problème de dynamique du véhicule représentent 65% des cas, résultant d'une vitesse excessive relativement aux capacités du conducteur, du véhicule et aux caractéristiques de l'infrastructure (voir figure 2.1 (a)). L'analyse traite ensuite les problèmes liés à l'infrastructure : les profils de vitesse en référence aux vitesses couramment pratiquées dans des courbes similaires, l'influence de paramètres géométriques tels que le sens du virage et le dévers, le rôle de l'état de la chaussée, les conditions de sortie de route et l'influence de la configuration de l'accotement. Des actions préventives, notamment, sur les infrastructures sont envisageables pour résoudre ces problèmes,

– Les accidents liés à un problème de guidage représentent 35% des cas, résultant d'une interruption ou d'une forte dégradation du contrôle de trajectoire par le conducteur (voir figure 2.1(b)).

27

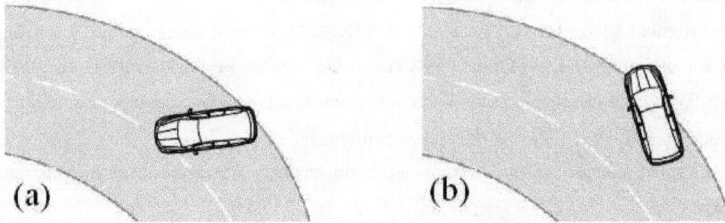

FIGURE 2.1 – Sortie de route des véhicules : (a) accidents liés à un problème de perte de contrôle, (b) accidents liés à un problème de guidage.

2.6.1 Caractérisation du risque de sortie de route des véhicules

Cette section présente les différentes approches qui peuvent être utilisées pour caractériser le risque d'accident par sortie de route en virage. Plusieurs indicateurs de risque ont été utilisés dans la littérature, ils sont souvent calculés à partir de la géométrie de la route et de la dynamique du véhicule. Deux grandes classes d'indicateurs peuvent être distinguées, les indicateurs de risque en mode longitudinal et les indicateurs de risque en mode latéral.

Les indicateurs de risque lié à la dynamique longitudinale

Les sorties de route par une perte de contrôle dans les virages sont dues, principalement à un problème de la dynamique du véhicule et au comportement du conducteur dans le cas d'une vitesse excessive. Ce dernier peut aborder le virage avec une vitesse longitudinale inadaptée à la situation de conduite. Les deux indicateurs principaux sont : la vitesse longitudinale qui ne doit pas dépasser la vitesse maximale en virage et la décélération longitudinale du véhicule qui doit être effectuée suffisamment tôt pour négocier le virage.

1. **Estimation de la vitesse excessive en virage**

Une solution consiste à utiliser le modèle de la vitesse en courbe définie par Damianoff [Lau02], et exprimé par la relation (2.1) :

$$
\begin{aligned}
V_{ref} &= \left(202 - 104.7\cosh\frac{\bar{s}+1}{10}\right)\tanh\frac{\bar{R}}{64+0.6\bar{R}^{0.99}} + 6.375\tanh\left(1.1(B_F-77)\right) \\
\bar{R} &= R + (0.4B_F - 1.75)\cos\frac{\frac{\alpha}{2}}{1-\cos\frac{\alpha}{2}} \\
\bar{s} &= \left(1 - e^{-(0.014\bar{R})^3}\right)s
\end{aligned}
\tag{2.1}
$$

où les différentes variables sont définies par la table 2.1.

TABLE 2.1 – Variables de calcul du modèle de Damianoff

Grandeur	Signification	Grandeur	Signification
R	Rayon de courbure	$\bar{R}$	Rayon de courbure modifiée
s	pente	$\bar{s}$	pente modifiée
α	secteur angulaire	B_F	Largeur de la voie

Les grandeurs $\bar{R}$ et $\bar{s}$ caractérisent la tendance des automobilistes à couper un virage. Si cette solution permet de tenir compte des variations longitudinales du profil routier, elle possède un inconvénient considérable aux yeux de notre objectif, elle ne fait intervenir aucun paramètre traduisant simplement les actions du conducteur. Ainsi, cette formulation permet de façon absolue de définir une vitesse moyenne de passage dans une courbe donnée.

2. **Modélisation de la phase de freinage**

Après la détermination de la vitesse de référence nécessaire pour la négociation de la courbe, il convient de caractériser la phase de freinage. Cela consiste en la détermination de la distance de freinage, donc du point du profil routier à partir duquel le véhicule doit décélérer pour atteindre l'entrée du virage avec la vitesse requise.

Notion de "Time-To-Collision"

Le "Time-To-Collision"(TTC) est défini comme étant, à un instant t, la durée restant avant la collision entre deux véhicules, considérant leurs trajectoires et vitesses respectives à cet instant.

Dans ses travaux, Lee [Lee79] affirme que le conducteur, pour déterminer sa phase de freinage, ne se focalise pas sur la différence de vitesse entre son véhicule et celui qui le précède, ni même sur l'accélération ou la distance. Selon lui, l'automobiliste utilise uniquement une information découlant de l'analyse visuelle de la situation. Cet indicateur correspond à la notion temporelle du TTC. En posant cette hypothèse, Van der Horst [Hor90] montre plus tard que le TTC permet, d'une part de calculer le moment à partir duquel il convient de freiner, et d'autre part de contrôler la phase de freinage.

L'indicateur que nous présentons ici définie la distance de freinage nécessaire pour atteindre la vitesse maximale autorisée en virage. Il découle directement de la définition du TTC, mais il est adapté au calcul d'une distance entre le véhicule réel et un autre véhicule virtuel supposé rouler à la vitesse maximale autorisée et situé au début de la courbe.

Principe du véhicule virtuel

29

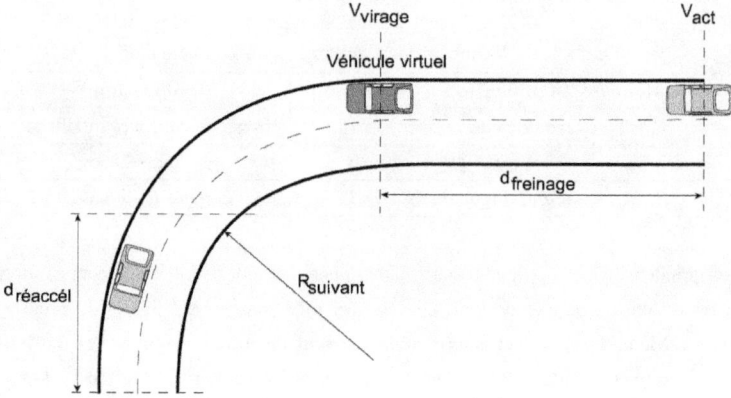

FIGURE 2.2 – Caractérisation de la phase de freinage [Lau02]

Par définition, le TTC s'applique à deux véhicules circulant dans la même direction avec des vitesses différentes. Afin d'appliquer cette technique à la caractérisation de la phase de freinage, la méthode du véhicule virtuel considère que se situe, à l'entrée du virage, un véhicule dont la vitesse correspond à la vitesse maximale autorisée en virage V_{virage} nécessaire pour la négociation de la courbe (cf. figure 2.2). Le problème consiste alors à définir la distance de freinage nécessaire pour atteindre ce véhicule virtuel avec la vitesse V_{virage}. En fait, le véhicule virtuel correspond à la prévision que fait le conducteur de sa propre situation de conduite à l'entrée du virage. En considérant par conséquent une décélération constante a_f durant l'intégralité de la phase de freinage, la vitesse de référence peut être définie en fonction de la durée de freinage T_f et de la vitesse actuelle du véhicule V_{act} au début de la phase de freinage :

$$V_{virage} = a_f T_f + V_{act} \qquad (2.2)$$

La distance de freinage d_f (qui est aussi la distance parcourue par le véhicule durant le temps T_f) s'obtient simplement par :

$$d_{freinage} = \frac{1}{2} a_f T_f^2 + V_{act} T_f \qquad (2.3)$$

En substituant dans (2.2) T_f par son expression déduite de (2.3), on obtient :

$$d_{freinage} = V_{act} \frac{V_{virage} - V_{act}}{a_f} + \frac{1}{2} a_f \left(\frac{V_{virage} - V_{act}}{a_f} \right)^2 \qquad (2.4)$$

ce qui peut finalement s'écrire, en posant $\Delta V = V_{virage} - V_{act}$:

$$d_{freinage} = V_{act}\frac{\Delta V}{a_f} + \frac{1}{2}a_f\left(\frac{\Delta V}{a_f}\right)^2 \qquad (2.5)$$

La détermination de la phase de freinage est fondée sur le critère temporel du TTC. En fonction de celui-ci, il convient de définir la réserve de temps dont dispose le conducteur avant d'entamer réellement la phase de négociation du virage.

Cette méthode peut s'avérer très efficace pour la détection des sorties de route dues à la vitesse excessive à l'entrée du virage. Cependant son efficacité est très faible pour la détection des sorties dues à la perte d'attention et au mauvaises manœuvres du conducteur. Nous proposons dans le chapitre 5 une méthode basée sur la comparaison entre la trajectoire suivie par le véhicule et la trajectoire de référence imposée par le profil de la route. Afin d'anticiper les détections et éviter les fausses alarmes, cette méthode tiens en compte des actions du conducteur.

Les indicateurs de risque liés à la dynamique latérale

La dynamique latérale du véhicule peut être considérée comme un signe très efficace dans la détection des sorties de route dues à la perte de contrôle en virage. nous distinguons un premier groupe d'indicateurs, directement liés à la dynamique proprioceptive du véhicule comme l'accélération latérale et la vitesse du lacet. Un deuxième groupe d'indicateurs nécessite la présence de capteurs extéroceptifs.

1. **L'accélération latérale**

   directement obtenue à partir d'un accéléromètre, l'accélération latérale donne une information directe sur l'état de la conduite et l'imminence d'une situation critique. La zone de confort pour l'accélération latérale se situe entre 0.2g et 0.3g. A partir de 0.4g, la situation de conduite devient inconfortable et le risque de sortir de la route est élevé.

2. **La vitesse de lacet**

   La vitesse de lacet est le critère sur lequel est fondé le fonctionnement de l'ESP. Dans le cas où le véhicule aborde un virage avec une vitesse excessive, une chaussée humide ou le conducteur freine brusquement pour éviter un obstacle, la vitesse de lacet mesurée par l'ESP est différente de celle calculée en fonction de la vitesse du véhicule et de l'angle de braquage. La comparaison entre la vitesse de lacet mesurée et celle calculée, permet de déduire alors un début de survirage, sous-virage ou une perte d'adhérence. Tout comme l'accélération latérale sont disponibles en standard sur un véhicule muni d'un ESP.

3. **La vitesse latérale**

Cette vitesse n'est pas directement mesurable, son estimation est possible à partir de la vitesse de lacet, de l'accélération latérale mais aussi de la vitesse GPS.

4. **Le déplacement latéral du véhicule par rapport à l'axe de la voie de circulation**

Le déplacement latéral du véhicule par rapport à l'axe de la voie de circulation est une grandeur importante dans le développement des systèmes de maintien de voies et le suivi de véhicule. Celui-ci peut être pris à une certaine distance en avant du centre de gravité afin d'introduire un effet d'anticipation sur la trajectoire du véhicule. Dans l'approche développé dans ce présent travail, le déplacement latéral relatif à la voie est considéré comme une mesure qui nous aide à estimer la courbure de la route.

5. **Le cap relatif**

Le cap relatif donne l'erreur de cap du véhicule par rapport à celui de la route. Cet indicateur, tout comme le déplacement latéral peuvent être facilement obtenus par un capteur vidéo monté en vision frontale [Agr03].

6. **Le temps à sortie de voie (TLC)**

Le TLC représente le temps nécessaire, étant donné la vitesse du véhicule, pour franchir un des bords de la voie. Cet indicateur qui combine à la fois la dynamique du véhicule, la localisation sur la voie et la géométrie de la route est très utile, mais pas facile à calculer. Il a été prouvé que les sorties de voie sont souvent précédées par une période pendant laquelle le TLC est déjà faible. Un minimum pour le TLC se produit si une correction dans l'angle de braquage a été initiée, il est donc révélateur de l'activité du conducteur et de l'adéquation de ses actions.

L'évaluation et la prise en compte de ce type d'indicateurs de risque (TLC) pourraient être effectuées, grâce à des capteurs vidéos embarqués, qui détectent les bords de voie et permettent de calculer la distance entre le centre du véhicule et le point d'intersection de la projection de la trajectoire du véhicule avec le bord de voie (DLC). En connaissant la vitesse à laquelle le véhicule roule, nous pouvons calculer le temps restant pour que le pneu du véhicule intersecte le bord de voie, en considérant une trajectoire définie du véhicule.

$$TLC = \frac{DLC}{v} \tag{2.6}$$

L'imminence d'une sortie de route est alors détecte dès que le TLC atteint une valeur minimale TLC_{min}.

2.6.2 Les systèmes d'aide à la conduite pour les sorties de route

Cette section évoque des systèmes d'aide à la conduite, plus spécifiquement de prévention des sorties de route et d'aide active au maintien de voie, qui sont disponibles sur les véhicules commercialisés ou en passe de l'être. L'introduction de ces systèmes sur le marché a pris du retard à cause des limites techniques, difficiles à surmonter, et des questions, encore ouvertes, sur la responsabilité légale liée à leur usage.

Deux principaux types de systèmes peuvent être distingués, les premiers sont des systèmes de détection et d'alerte au conducteur (Lane Departure Warning system (LDW)) qui émettent un avertissement (signal lumineux, audio ou vibratoire). Dans la deuxième catégorie on retrouve les systèmes qui avertissent le conducteur et si aucune mesure n'est prise, prennent automatiquement des mesures pour maintenir le véhicule dans sa voie (Lane keeping Assist (LKS)). La première production d'un système LDW en Europe a été développée par la société Iteris pour des camions Mercedes Actros. Le système a fait ses débuts en 2000. Il est maintenant disponible sur la plupart des camions vendu en Europe.

Les systèmes d'alerte de franchissement de ligne (LDWS)

Les systèmes d'alerte de franchissement de ligne sont des systèmes électroniques capables de suivre la position du véhicule dans sa voie et d'alerter le conducteur dès que son véhicule franchit ou est sur le point de franchir le marquage de la voie. Actuellement les LDWS disponibles sur le marché sont souvent basés sur un des systèmes de vision et utilisent des algorithmes de traitement d'images pour estimer l'État du véhicule (position latérale, vitesse latérale, vitesse de lacet, etc.) et les attributs de la route (largeur de la voie, courbure de la route, etc.). Les LDWS avertissent le conducteur d'un franchissement de ligne lorsque le véhicule se déplace au-dessus d'un certain seuil de vitesse et l'indicateur de changement de direction (clignotant) n'est pas activé. Ces systèmes ne prennent aucune action automatique pour éviter une sortie de voie ou pour contrôler le véhicule, par conséquent, le conducteur reste le seul responsable de la sécurité de conduite de son véhicule.

La figure 2 illustre les principales composantes fonctionnelles et les interfaces des LDWS et montre les différentes relations entre les composants. L'unité de commande électronique (ECU) reçoit les données provenant du capteur de marquage de la route. Grâce au réseau électronique du véhicule (J1708 ou J1939), l'ECU surveille la vitesse du véhicule et le statut du clignotant. La sortie du système est un indicateur et, si cela est nécessaire, une mise en garde, qui apparait sur le tableau de bord du véhicule [USDT05].

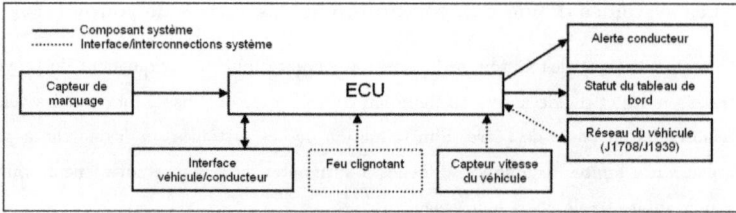

FIGURE 2.3 – Les principales composantes fonctionnelles des LDWS

Les systèmes d'aide au maintien dans la voie (LKA)

Ce type de systèmes, dit de confort, a pour objectif de diminuer les fréquentes corrections mineures du conducteur pour se maintenir au voisinage de l'axe de la voie. Cependant, l'assistance ne remplace pas le conducteur, elle est désactivée dès qu'une absence prolongée d'activité de celui-ci est détectée. Ces systèmes sont appelés LKS (Lane Keeping Support) ou LKA (Lane Keeping Assist). Ils sont actuellement les plus fréquents. La mise en vente de véhicules équipés d'une assistance active en maintien de voie a débuté au Japon par le système proposé par Nissan en 2001 [IVS01]. Ce pays a été encore une fois un pionnier dans le domaine des systèmes intelligents de transport. Dans une perspective historique, les auteurs de [Bru05] mentionnent que la première application mondiale du régulateur de vitesse et d'interdistance AAC a également eu lieu au Japon en 1995.

Chronologie des systèmes disponibles sur le marché

Nissan Motors, 2001

Nissan Motors a été le premier constructeur à proposer un système d'aide au maintien dans la voie sur la Cima vendu au Japon. En 2004, le premier système disponible sur les véhicule de série aux Etats Unis a été développé conjointement par Iteris et Valeo pour Nissan sur la Infiniti FX et en 2005 sur les véhicules série M. Ce système agit sur la direction du véhicule en même temps que le conducteur, son action diminue graduellement si le conducteur est inactif. Il n'y a donc pas de délégation totale de la conduite. Il utilise une caméra CCD pour détecter les lignes blanches, un actionneur de braquage et une unité logique de contrôle. La géométrie de la route et la position du véhicule sont estimées et constituent avec la vitesse longitudinale et l'angle de braquage des entrées pour le calcul du couple nécessaire pour maintenir le véhicule sur l'axe. Le couple d'assistance maximal est fixé très bas, la correction ajoutée est plutôt destinée à rejeter des perturbations comme le vent latéral et les imperfections lorsque le véhicule est au voisinage de l'axe de la voie. Elle est donc mineure et n'interfère pas avec la volonté du conducteur, sachant que le système LKS peut, de plus, être désactivé dès que le conducteur contre-braque ou actionne un interrupteur sur le tableau de bord. En 2007, Infiniti offre une version plus récente de cette fonctionnalité, qu'elle appelle le système LDP (Lane Departure Prevention). Cette fonctionnalité utilise le système ESP de contrôle de stabilité du véhicule pour aider le conducteur à maintenir son véhicule dans la voie en appliquant une légère pression de freinage aux roues appropriées [Nis07].

Toyota, 2002

Toyota a présenté son système d'assistance au maintien dans la voie sur les véhicules tels que le Cardina et Alphard vendue au Japon, ce système avertit le conducteur dès que le véhicule commence à sortir de sa voie. En 2004, Toyota a ajouté une fonctionnalité d'assistance à la Crown Majesta, elle consiste à appliquer une légère contre-force sur la colonne de direction pour aider à maintenir le véhicule dans sa voie. En 2006, Lexus a introduit un système LDW utilisant plusieurs modes de perception sur la LS 460. Il utilise des caméras stéréoscopiques avec une perception plus sophistiquée et des processeurs de reconnaissance de formes, ce système peut émettre un avertissement audiovisuel et également à l'aide de la direction électrique assistée contraint le véhicule de tenir sa voie. Cette fonction de maintien dans la voie agit pour aider le conducteur et réduire ses efforts en couple de braquage nécessaire, cependant, le conducteur doit rester actif, sinon le système et désactivé automatiquement.

Honda, 2003

Honda a lancé en 2003 son système d'assistance au maintien de voie (Lane Keep Assist System, LKAS), associée à un régulateur de vitesse et interdistance (ACC), il a été proposé sur le modèle Accord. Cette assistance avait pour objectif de réduire la charge du conducteur sur les longs trajets via un couple d'assistance sur la colonne de direction qui représente 80% du couple nécessaire au braquage, le reste étant toujours fourni par le conducteur. Le concept de fonctionnement de cette assistance est décrit dans [Lih04]. Une caméra installée en position frontale, au niveau du rétroviseur intérieur, détecte les marquages latéraux de voie et positionne le véhicule sur la voie. La trajectoire optimale est ensuite calculée et le couple de braquage nécessaire pour suivre cette trajectoire est appliqué dans les proportions indiquées précédemment. L'action finale est réalisée par un moteur électrique monté sur la colonne de direction. Le couple exercé par le conducteur sur le volant est mesuré en permanence et s'il indique un manque d'activité du conducteur, l'assistance est désactivée automatiquement.

Citroën, 2005

Citroën est devenue premier en Europe à offrir un système LDW sur leurs modèles C4 et C5 en 2005 et maintenant aussi sur leur C6, il est appelé le système AFIL (Alerte de Franchissement Involontaire de Ligne). Ce système détecte les sorties de voie involontaires sur autoroute et voie rapide. Dès que la trajectoire du véhicule dérive par rapport au centre de la voie et franchit le marquage avec une vitesse du véhicule supérieure à 80 km/h, le système entre en action. Son principe de fonctionnement est basé sur la détection de marquages sur la voie à l'aide des capteurs infrarouges, implantés derrière le bouclier avant. L'anomalie du conducteur est détectée en vérifiant l'état du clignotant (actionné ou pas), et le conducteur est alerté via le déclenchement d'un vibreur situé dans l'assise du siège, sur le même coté où le franchissement de la ligne se produit.

General Motors, 2008

General Motors introduit la fonction LDW sur ses modèles Cadillac STS, DTS et Buick Lucerne en 2008. Le système avertit le conducteur, avec un signal audible et un indicateur d'avertissement dans le tableau de bord. BMW a également introduit un système d'alerte pour les franchissement de ligne sur la série 5 et la série 6 qui avertit le conducteur par des vibrations au volant dès qu'un franchissement de ligne involontaire et observé. Les systèmes utilisés par BMW et General Motors sont basés sur la technologie Mobileye qui développe des système d'aide à la conduite basés sur la perception et la reconnaissance des formes depuis 1999.

Mercedes-Benz 2009

Mercedes-Benz a commencé à intégrer une fonction LDW sur la nouvelle E-class. Cette fonction avertit le conducteur avec des retour vibratoire au volant dès que le véhicule commence à quitter sa voie. Une nouvelle fonctionnalité a été ajoutée pour désactiver et réactiver automatiquement l'assistance s'il s'avère que le conducteur quitte volontairement la voie, par exemple si le braquage est assez fort pour estimer que le conducteur est bien à l'origine de la manœuvre . Une version plus récente utilisera le système de freinage pour aider à maintenir le véhicule sur la voie.

Kia Motors 2010

Kia Motors a mis sur le marché la berline Cadenza en 2011 avec l'option LDW. Ce système émet un signal lumineux dans le tableau de bord lorsque un marquage blanc est traversé et émet un signale sonore lorsqu'il s'agit d'un marquage jaune. Le système est désactivé automatiquement lorsqu'un clignotant est en marche, ou en appuyant sur un interrupteur de désactivation sur le tableau de bord. La perception des marquages est faite grâce à des capteurs optiques fixés sur chaque coté de la voiture.

Les systèmes d'assistance pour les sorties de route combinent maintenant la prévention avec la détection des risques. L'anticipation des détections est également une perspective très envisagée dans ce genre de système. L'approche que nous proposons dans le chapitre 5 tient compte de cet aspect. La trajectoire du véhicule est déterminée et comparée en temps réel à la trajectoire de la route. Les actions du conducteur sont également prises en compte afin de limiter les fausses alarmes.

2.7 Les renversements des véhicules

Les renversements des véhicules sont des évènements complexes qui reflètent l'interaction entre le conducteur, la route, le véhicule, et le facteurs environnementaux. Une etude mené par la NHTSA [12] aux États-Unis a montré que les accidents de renversement sont en deuxième position des accidents les plus dangereux, après les collisions frontales. En 2004, 33% des tués sur les routes aux États-Unis ont été recensés dans des accidents causés par un renversement du véhicule [NHT07].

Pendant le projet ARCOS en France, des études ont été menées pour déterminer les causes, la nature et les conséquences des accidents dus aux renversements. Quatre causes principales ont été identifiées [Arc04] :

- perte de contrôle du véhicule liée à ses caractéristiques mécaniques, à celles de l'infrastructure, aux conditions de trafic et à l'environnement,
- défaillance du véhicule,
- défaillance du conducteur,
- perte de contrôle d'un véhicule tiers.

Nous nous intéressons dans cette étude aux renversements des véhicule seuls causés par la perte du contrôle suite aux mauvaises manœuvres du conducteur tels que les excès de vitesse et les surbraquages en virage.

---

12. National Highway Traffic Safety Administration

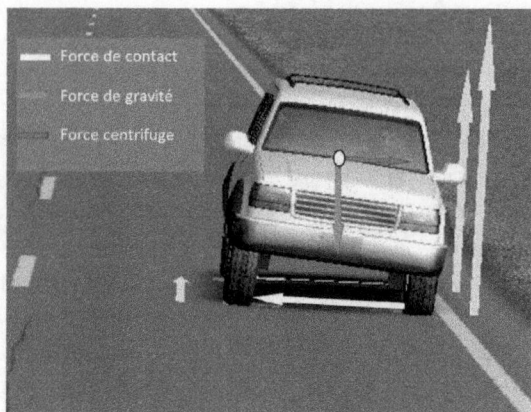

FIGURE 2.4 – Les différentes forces agissantes sur un véhicule dans un virage

La vitesse excessive dans un virage, la collision avec un autre véhicule ou un objet ou encore la descente d'une route trop inclinée sont toutes des situations qui peuvent amener le véhicule à se renverser. Dans de telles situations le renversement survient lorsque les forces de contact pneumatique-chaussée arrivent à déstabiliser le véhicule. Lorsqu'un véhicule aborde un virage, trois forces agissent en conséquence : les forces de contact pneumatique-chaussée, la force centrifuge et la force de la gravité. Les forces de contact agissent sur les pneus et sont dirigées vers l'intérieur du virage. La force centrifuge agit horizontalement au niveau du centre de masse et dans une direction opposée à celle des forces de contact. Ces deux forces créent ainsi un couple qui tend à retourner le véhicule vers l'extérieur du virage. La force du poids du véhicule agit vers le bas à travers le centre de masse et présente un couple opposé au premier et permet ainsi de stabiliser le véhicule (figure 2.4). Lorsque les forces de contact et la force centrifuge arrivent à surmonter la force de gravité, le véhicule commence alors à tourner et le reversement devient imminent. La plupart des véhicules de tourisme glisseront sur la chaussée avant que cela se produise. En revanche les véhicules dont le centre de masse est plus élevé tels que les bus, les camions, les fourgonnettes mais surtout les grand poids lourds sont très vulnérables au phénomène de renversement. Nous nous intéressons dans ce présent travail aux renversements des véhicules non articulés dont la dynamique est représentée par un modèle à quatre roues.

2.7.1 Caractérisation du risque de renversement des véhicules

Les systèmes de contrôle de stabilité des véhicules ne fonctionnent pas en continu. Ils sont automatiquement activés pour certaines situations critiques dans le but de faire revenir le véhicule à son état de stabilité. Cette commutation exige des techniques efficaces capables d'estimer le moment de l'entrée du véhicule dans un état critique et dans lequel le contrôleur doit être actif. Dans le cas d'un renversement, le véhicule devient très rapidement instable et le contrôleur risque de devenir inefficace. Il est donc souhaitable que la détection soit faite avec une certaine anticipation, afin que le contrôleur puisse être activé aussi rapidement que possible. De nombreuses méthodes pour la détection des renversements ont été proposées dans la littérature. Plusieurs techniques sont étudiées en détails dans [Dah01], telles que les méthodes basées sur le transfert de charge, l'accélération latérale et l'énergie de roulis. Dans [Ode99], le taux de transfert de charge (LTR- Load Transfert Ratio) est utilisé pour activer un système de braquage et de freinage d'urgence pour assurer la stabiliser du véhicule en cas de renversement imminent. Le calcul du LTR est basé sur la mesure des forces verticales qui nécessite des capteurs très coûteux et indisponible sur les véhicule de série. Nous proposons dans le chapitre 6 une méthode pour estimer ce dernier, uniquement à partir des signaux plus facilement accessibles. Une méthode d'anticipation de la détection basée sur le calcul du temps à renversement est également proposée dans ce chapitre. Cette section présente une liste non exhaustive des méthodes les plus utilisées pour la détection des renversements.

Estimation du mouvement du roulis du véhicule

Si le véhicule est équipé de capteurs capables de mesurer l'angle de roulis ϕ et la dynamique de roulis $\dot{\phi}$, la détection de renversement peut être effectuée simplement en analysant ces mesures. L'approche la plus simple serait de définir une valeur de seuil pour l'angle de roulis ϕ_{max}, la détection se fait alors dès que $|\phi| > \phi_{max}$. Afin d'introduire une action de prédiction et d'assurer une anticipation de détection, la mesure de la vitesse de roulis $\dot{\phi}$ peut être utilisée. Par exemple, le renversement est considéré comme imminent lorsque $|\phi| > \phi_{max}$ et $\dot{\phi} \, sign \, \phi > 0$. La vitesse de roulis peut également être utilisée pour estimer le temps qui reste pour que l'angle de roulis dépasse le seuil prédéfini. Cette méthode présente un inconvénient dans l'efficacité du seuil qu'on doit définir et qui ne peut pas être le même pour tous les véhicules [Bra08].

39

Calcul du taux de transfert de charge (LTR)

Le transfert de charge latérale est directement lié aux renversement du véhicule, par conséquent le taux de transfert de charge est souvent utilisé comme un indice pour la détection des renversements. Il est également utilisé en tant que critère de commande pour assurer la stabilité du véhicule vis à vis des renversements. Le taux de transfert de charge (LTR) peut être défini simplement par la différence entre les forces verticales des roues de chaque coté divisé par leur somme qui représente le poids total du véhicule. Si on néglige le mouvement verticale du véhicule, le LTR sera donné par l'équation suivante [Ode99] :

$$LTR = \frac{F_{zl} - F_{zr}}{F_{zl} + F_{zr}} = \frac{F_{zl} - F_{zr}}{mg} \tag{2.7}$$

Le LTR varie dans l'intervalle [-1,1], sa valeur est nulle pour un véhicule parfaitement symétrique qui roule sur une ligne droite et atteint les extrêmes au moment où l'un des coté du véhicule quitte le sol (renversement), où le LTR prend la valeur 1 ou -1 suivant le sens de renversement.

Méthodes basées sur l'énergie de roulis du véhicule

La détection d'un renversement, peut être effectuée en tenant compte de l'énergie de roulis du véhicule. Cette dernière est composée de deux parties, une partie relative à l'énergie potentielle impliquant l'énergie stockée dans la suspension des ressorts ainsi que la hauteur du centre de gravité et une partie relative à l'énergie cinétique. L'énergie de roulis est donnée par :

$$E = \frac{1}{2}C_\phi \phi^2 - mgh(1 - cos\phi) + \frac{1}{2}(I_{xx} + mh^2)\dot{\phi}^2 \tag{2.8}$$

Une valeur critique de l'énergie de roulis, $E_{critical}$ peut alors être fixée. Elle représente l'énergie de roulis minimum dans la situation de renversement.

Dans [Joh04], un indicateur de renversement normalisé appelé ROW (Rollover Warning Measure) est utilisé afin de caractériser le risque de renversement. Il est défini comme suit :

$$ROW = \frac{E_{critical} - E}{E_{critical}} \tag{2.9}$$

La situation critique peut donc être atteinte lorsque $ROW = 0$. La prédiction de risque de renversement peut alors être faite en définissant une valeur seuil $ROW_{seuil} > 0$, qui peut être trouvé expérimentalement [Bra08].

Méthodes basées sur l'accélération latérale

Comme on l'a indiqué au début de cette section, la cause première d'un renversement peut être considérée comme la force centrifuge qui agit au centre de gravité du véhicule et crée un

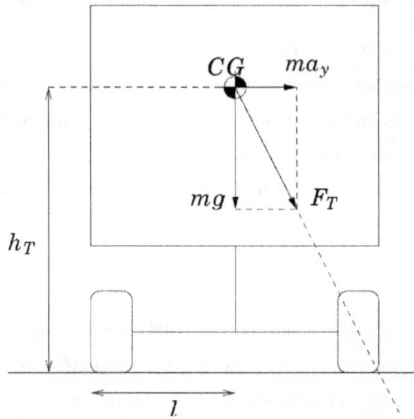

FIGURE 2.5 – L'accélération latérale à la limite de la stabilité du véhicule sans prise en compte de sa suspension

moment de roulis. En raison de sa disponibilité dans tous les véhicules équipés de systèmes ESP, L'accélération latérale représente un indicateur privilégié pour les système de stabilité du véhicule. Une condition statique d'un renversement peut être déduite à partir de la résultante des forces agissant sur le centre de gravité du véhicule. La figure (2.5) illustre ses forces dans le cas d'un véhicule en négligeant sa suspension. Dans ce cas, la condition pour qu'un renversement commence à avoir lieu est la suivante :

$$ma_y h_T > mgl \quad \Rightarrow \quad a_y > \frac{gl}{h_T} \tag{2.10}$$

La limite de l'accélération donnée par (2.10) peut alors être utilisée comme une valeur de seuil pour un système de prévention des renversements basé sur la mesure de l'accélération latérale. Cependant, ces résultats sont obtenus en utilisant un modèle très simplifié du véhicule. L'utilisation d'un modèle plus complexe qui prend en compte la flexibilité du véhicule peut mener à des valeur de seuil plus petite. En outre, la situation devient plus complexe lorsque la dynamique de suspension est prise en compte. Dans ce cas, l'état du système de suspension du véhicule influe considérablement le seuil de reversement.

41

2.7.2   Systèmes anti-renversement développés sur les véhicules

Afin d'assurer la stabilité du véhicule et éviter les renversements, une actions doit être apportée au véhicule. Ces actions son directement appliquées sur des organes de commande capable de changer le comportement du véhicule et le ramener à une situation normale. Plusieurs types d'action peuvent être envisagés suivant la catégorie du véhicule et son instrumentation :

– action sur le système de freinage : une variation de pression dans le système de freinage entre la roue droite et la roue gauche est appliquée en fonction de la vitesse de roulis et de l'accélération latérale. Le système utilise l'ABS et l'ESP pour commander le système de freinage.

– action sur la direction : Ackermann dans [Ack02] propose d'ajouter un angle de braquage correctif en fonction de la vitesse du véhicule, de l'angle de roulis, de l'accélération latérale et du braquage demandé par le conducteur. Cet angle de braquage additionnel corrige le mouvement de roulis du véhicule dans les manœuvres de changements de voies.

– action combinée sur le freinage et le braquage : en cas d'urgence, une correction peut être effectuée à la fois sur le système de freinage et sur le braquage. Les corrections sont échelonnées dans le temps, afin de retrouver d'abord la stabilité du véhicule, puis le suivi de trajectoire en agissant sur le braquage.

– action sur les suspensions ou les barres anti-roulis : le passage d'un mode bloqué, où elles sont rigides, à un mode libre, induit une résistance faible au roulis en fonction de l'accélération latérale. Le déplacement de la charge suspendue peut être ainsi considérablement réduit .

Système de protection anti-renversement - ARP

Les situations de renversement sont imperceptibles aux conducteurs jusqu'à ce que le transfert de charge a véritablement commencé, auquel cas l'accident est en grande partie inévitable. Le système ARP [13] est un système capable de détecter un renversement imminent et d'appliquer une action sur le freinage du véhicule afin de l'éviter.

Le système ARP est intégré au système de contrôle électronique de stabilité et ses trois systèmes déjà existant sur le véhicule, le système de freinage antiblocage, antipatinage et contrôle de lacet. l'ARP représente une autre fonction qui consiste à évaluer le risque de renversement. Les forces latérales excessives, qui sont générées par une conduite trop vite dans un virage par exemple, peuvent entraîner un renversement pour des véhicules dont le centre de gravité est élevé tels que les poids lourd, les bus et les véhicule utilitaires. L'ARP agit automatiquement dès qu'il détecte

---

13. Active Rollover Protection

une situation instable menant à un retournement potentiel du véhicule. Il applique rapidement une pression de freinage plus au moins élevée aux roues appropriées pour interrompre le transfert de charge avant que le point de non retour soit franchi.

Mercedes Benz a recemment integré la fonction ARP sur le modèle de poids lourd ACTROS, et Renault Trucks développe avec Knorr-Bremse un système de contrôle de stabilité pour les poids lourds à semi-remorque qui devrait sortir en série très prochainement. Il est similaire dans son principe à ceux des voitures de tourisme et réalise une boucle fermée sur la vitesse de lacet (par freinage unilatéral) par rapport à la demande du conducteur (braquage au volant). La prévention du renversement en cas de haute adhérence a lieu par la limitation de l'accélération latérale à une valeur seuil prédéterminée, uniquement fonction de la charge et non de la propension au renversement. La détection précise des renversement accuse donc un retard considérable et doit voir plusieurs avancées dans les prochaines années. Contrairement aux système de contrôle de trajectoire, de détection de franchissement de ligne et des collisions, les systèmes anti-renversement restent très restreints malgré les résultats alarmants des accidents dus aux renversements et par conséquent la nécessite d'équiper les véhicules par de tels systèmes.

2.8 Conclusion

Dans ce chapitre, nous avons présenté une analyse sur la sécurité dans les véhicules. Nous avons présenté les différents systèmes d'assistance à la conduite et les technologies existantes et intégrées dans les véhicules de nos jours. Les systèmes d'assistance à la conduite permettent d'améliorer considérablement la sécurité des passagers et de limiter les conséquences d'un accident. Plusieurs études ont été menées durant la dernière décennie dans le cadre des systèmes intelligents de transport. Nous avons présenté dans ce chapitre les projets phares qui ont été menés en France, en Europe et dans le monde et qui ont permis de fédérer les recherches dans le domaine des transports intelligents. Le véhicule autonome et l'autoroute automatisée ont suscité notamment, jusqu'aux années 95, énormément d'intérêt et des efforts de recherche soutenus. Un changement de cap radical a été opéré à la même époque pour passer de l'infrastructure intelligente vers un véhicule intelligent et plus autonome. Le concept de véhicule robotisé a progressivement évolué vers le véhicule assisté avec une volonté d'applications à court terme. Deux types d'accidents ont été abordés dans ce chapitre, les sorties de route des véhicules et les renversements. Ce choix est motivé par le nombre élevé des pertes humaines et matérielles qui peuvent être enregistrée dans ces types d'accident. Les accidents par sortie de route représentent plus de 30% des tués dans les accident de la route en France. Ce type d'accident, se décompose en deux grandes catégories : les accidents liés à un problème de guidage résultant d'une forte dégradation du contrôle de trajectoire par le conducteur, et les accidents liés à un problème de dynamique de véhicule, résultant d'une vitesse excessive à l'approche du virage et/ou d'une dynamique latérale excessive. Par la suite, une classification de ce type d'accident a été présentée. Nous avons ainsi, abordé les différents indicateurs de risque liés au mode latéral et longitudinal et nous avons montré que la prise en compte de la dynamique du véhicule dans le développement des systèmes d'assistance au conducteur est nécessaire. Une chronologie des systèmes de détection de franchissement de lignes est donnée dans ce chapitre et a permis de montrer l'intérêt que porte les constructeurs automobile pour ce type d'assistance. La dernière section de ce chapitre a permis de présenter les accident par renversement des véhicule. Ce type d'accident touche une grande partie des véhicules avec un centre de gravité élevé tels que les poids lourd, les bus, les véhicule utilitaires, etc. Les renversement des véhicules sont dix fois plus meurtrier que les autres accidents de la route ce qui montre l'importance de trouver des techniques fiables et efficaces pour assurer la stabilité du véhicule dans ce genre de situation. Plusieurs méthodes ont été proposées dans la littérature pour prévenir les renversement, nous avons présenté dans ce chapitre quelques unes des plus connues. Nous avons pu conclure que l'application de ces techniques accuse encore un grand retard. Néanmoins, quelques constructeurs automobile commence déjà a intégrer la fonction d'anti-renversement dans leurs systèmes de stabilité du véhicule.

Quelle que soit l'assistance développée, l'évaluation de la dynamique du véhicule, de son environnement et des risques d'accident représente un aspect très important dans l'efficacité de l'aide à la conduite. Cela a fait l'objet de ce présent travail, nous allons ainsi voir dans les prochains chapitres les contributions qui ont été apportées pour la détection des sorties de route et des renversements. Les approches développées sont basées sur le modèle de la dynamique du véhicule en prenant en compte les non-linéarités des forces latérales. Le prochain chapitre donne un état de l'art sur la dynamique du véhicule et la manière de modéliser son mouvement par rapport à la route.

Bibliographie

[Agr03] E. Agren "Lateral position detection using a vehicle-mounted camera". In Master's Thesis Project in Computer Vision. Linköpings Universitet, 2003.

[Ack02] Ackermann, P. Blue, T.BÄunte, L. GÄuvenc, D. Kaesbauer, M. Kordt, M. Mulher, et D. Odenthal. "Robust control, the parameter space approach". Springer-Verlag London ldt, 2002.

[Arc04] Rapport d'activité projet ARCOS "Résultats - Demonstrations - Conclusions". 28 octobre 2004 - Versailles Projet ARCOS, 2004.

[ARC05] "Elaboration d'alertes pour les poids lourds en situations accidentogènes". Rapport final du projet ARCOS, 2005.

[Bis03] R. Bishop "Intelligent Vehicles R and D : An Update on Selected Projects in the U.S. and Europe". Japan AHSRA Consortium, 2003.

[Bra08] S. Brad. "ModelBased Vehicle Dynamics Control for Active Safety". Department of Automatic Control Lund University Lund, Sweden 2008

[Bru05] S. Bruel et D. Ho "Les transports intelligents au Japon". Dépêche N°. SMM05053 de Ambassade de France à Tokyo Service pour la Science et la Technologie, 2005.

[Dah01] E. Dahlberg, "Commercial Vehicle Stability - Focusing on Rollover". PhD thesis, Royal Institute of Technology, Stockholm, Sweden, 2001.

[Del04] Y. Delanne and al "Pertes de contrôle et sorties de route dans les virages". In Rapport final. convention DSCR/LCPC, 2004.

[Gla04] S. Glaser "Modélisation et analyse d'un véhicule en trajectoire limites Application au développement de systèmes d'aide à la conduite". Thèse de l'université d'Evry Val d'Essonne, France, 2004.

[Hor90] A. R. A. Von Der Horst "A time-based analysis of road user behaviour in normal and critical encounters". Thèse de l'Institut de Perception, TNO, 1990

[Int10]   "Inteligent   car   initiative   2010".   http   ://ec.europa.eu/information-society/activities/intelligentcar/index-fr.htm

[IVS01] IVsource Nissan Demos "New Lane Keeping Products". http.www.IVsource.net, 12 Février 2001.

[Jan05] J. Jansson "Collision Avoidance Theory with Application to Automotive Collision Mitigation". PhD thesis Linköping Studies in Science and Technology. Linköping University, Sweden 2005.

[Joh04] Johansson, B. and M. Gäfvert "Untripped SUV rollover detection and prevention". In 43rd IEEE Conference on Decision and Control, 2004.

[Lau02] J. P. Laufenburger "Contribution à la surveillance temps-réel du système «conducteur - véhicule - environnement» : élaboration d'un système intelligent d'aide à la conduite". Thèse de l'université de Haute Alsace, 2002.

[Lee79] D. N. Lee "A theory of visual control braking based on information about time-to-collision". 1976, N°5, pp. 437-459

[Lih04] A. Iihoshi "Driver Assistance System (Lane Keep Assist System)". Presentation to WP-29 ITS Round Table Geneva, February 2004.

[Mar08] F. Mars "Rapport de synthèse, projet PREVENSOR". Institut de Recherche en Communications et Cybernétique de Nantes (IRCCyN), Ecole centrale de Nante

[Mic05] J.E Michel and M. C. Best "Les pertes de contrôle en courbe - cinématique, typologie, caractéristiques des lieux". In Rapport INRETS, ISSN 0768- 9756 , n 262. Département Mécanismes d'accidents, 2005.

[NHT07] "An Analysis of Motor Vehicle Rollover Crashes and Injury Outcomes". NHTSA's National Center for Statistics and Analysis, 2007.

[Nis07] "The 2008 Infiniti Lineup - Charting the Changes". Press release, Nissan (2007-07-28) http ://www.nissannews.com/infiniti/news/products/20070628101227.shtml.

[Ode99] D. Odenthal, T. Bünte, and J. Ackermann. "Nonlinear steering and braking control for vehicle rollover avoidance". *In Proc. of European Control Conf.*, Karlsruhe, Germany, 1999.

[Oms09]   "Rapport   de   situation   sur   la   sécurité   routière   dans   le   monde   :   il est   temps   d'agir".   Genève,   Organisation   mondiale   de   la   Santé,   2009 ($www.who.int/violence_injury_prevention/road_safety_status/2009$).

[Sen07] C. Sentouh "Analyse du risque et détection de situations limites Application au développement des systèmes d'alerte au conducteur". Thèse de l'université d'Evry Val d'Essonne, France, 2007.

[Ste98] W. B. Stevens "Summary Report of the Cooperative and Autonomous Workshop". 27 and 28 April 1998, Washington DC, Conducted by The National Automated Highway System Consortium For The United States Department of Transportation, 1998.

[Tsu01] S. Tsugawa "Cooperative Driving with AutonomousVehicles and Inter-Vehicle Communications and Demo". Intelligent Vehicles, Tokyo, 2001.

[USDT05] "Concept of Operations and Voluntary Operational Requirements for Lane Departure Warning Systems (LDWS) On-board Commercial Motor Vehicles". US Departement of Transportation, july 2005

Bibliographie

Partie II : Modélisation du véhicule et synthèses des observateurs

Chapitre 3

Modélisation de la dynamique du véhicule

Sommaire

3.1 Introduction

Dans ce présent travail nous avons développé des techniques de détection d'accidents par sorties de route et par renversements, des techniques basées sur l'évaluation de la dynamique du véhicule et des attributs de la route. Afin de faciliter la présentation de nos résultats dans les prochains chapitres, ce chapitre sera consacré à la modélisation de la dynamique du véhicule et son mouvement par rapport à la route. Le véhicule est un système relativement complexe et la modélisation de son comportement dynamique est souvent délicate en raison des variations de ses paramètres (vitesse, forces de contact,...etc.). De plus la prise en compte de toutes les interactions entre ses composants aboutit à un modèle fortement non-linéaire. Afin d'obtenir des modèles moins complexes et facilement exploitables, des hypothèses sont généralement posées selon l'objectif de l'application et le degré de précision souhaité. Le véhicule est un système mécanique à six degrés de liberté, il peut subir trois mouvements de translations sur les trois axes latéral, longitudinal et vertical et trois rotations autour de ces trois mêmes axes.

Plusieurs types de modélisation de la dynamique du véhicule peuvent alors être distingués dans la littérature ([Pha91], [Gil92], [Deb96], [Kie00], [Ack02], [Kie05]) :

– Modélisation du mode latéral
– Modélisation du mode longitudinal
– Modélisation du mode vertical ou de la suspension
– Modélisation du roulis

La modélisation de la dynamique du véhicule représente un aspect très important dans le contrôle et le diagnostic automobile ([Oud08], [Men10], [Nic08], [Sen07], [Nou02]). Nous présentons dans ce chapitre quelques éléments de la dynamique du véhicule qui nous seront utiles dans notre étude. Nous allons commencer par les différents mouvements du châssis global du véhicule. Ensuite le modèle de la dynamique latérale en particulier le modèle bicyclette sera présenté. A la fin de ce chapitre, nous discuterons la dynamique du roulis du véhicule qui a été utilisée pour l'obtention du modèle exploité dans le chapitre 6 pour la détection des renversements.

3.2 Les différents mouvements du véhicule et définition des repères

La caisse du véhicule possède six degrés de liberté, Constitués par trois mouvements de translation et trois mouvements de rotations illustrés sur la figure 3.1. Le mouvement de translation sur l'axe $\overrightarrow{X}$ représente le déplacement longitudinal, la translation sur l'axe $\overrightarrow{Y}$ représente le déplacement latéral et le déplacement vertical se fait sur l'axe $\overrightarrow{Z}$. Les trois mouvements de rotations se font sur ces mêmes axes et sont définies comme suit : une rotations autour de l'axe $\overrightarrow{X}$ appelée le mouvement de roulis du véhicule et donnée par l'angle ϕ, ce mouvement se produit généralement suite à un braquage des roues avants et se ressent en particulier lorsque le véhicule aborde un virage. La deuxième rotation autour de l'axe $\overrightarrow{Y}$ appelée le mouvement de tangage du véhicule et donnée par l'angle θ, ce mouvement est généré par un freinage ou une accélération longitudinale. Et enfin une troisième rotation autour de l'axe $\overrightarrow{Z}$ appelée le mouvement du lacet du véhicule et donnée par l'angle ψ, ce dernier fait l'objet de contrôle dans les système ESP pour assurer la stabilité du véhicule et sa bonne tenue de route.

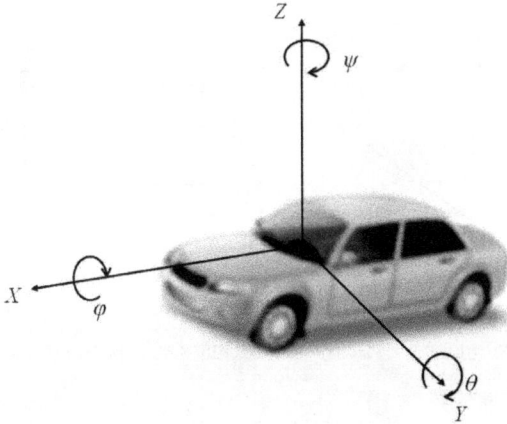

FIGURE 3.1 – Illustration des différents mouvements du véhicule

Les hypothèses simplificatrices sont de nature variées et interviennent entre autres au niveau des moments d'inertie du véhicule. Du fait de la symétrie du véhicule par rapport à un plan vertical-longitudinal, les moments d'inertie croisées (I_{xy}, I_{xz} et I_{yz}) sont relativement faibles comparés aux valeurs des moments dans les directions x,y et z.

Nous nous sommes intéressés dans ce travail de thèse au mouvement latéral du véhicule lié à la voie pour caractériser les risques de sorties de route. Un modèle du véhicule qui fait intervenir le mouvement de roulis a été également développé pour traiter les accidents par renversement.

Définition des repères

Plusieurs repères peuvent être utilisés pour décrire les mouvements du véhicule. Nous allons définir dans ce travail trois repères qui seront utiles à l'écriture des différentes équations régissant la dynamique du véhicule (Figure 3.2). Le premier repère est le repère inertiel ou absolu lié à la terre R^a ($O_a, \overrightarrow{X_a}, \overrightarrow{Y_a}, \overrightarrow{Z_a}$), il peut être considéré comme un repère galiléen de référence. Un deuxième repère lié au mouvement du véhicule par rapport au sol, noté R^v ($O_v, \overrightarrow{X_v}, \overrightarrow{Y_v}, \overrightarrow{Z_v}$). Ensuite un troisième repère dont les mouvements sont liés à ceux de la caisse (mouvement de roulis et tangage) R^c ($O_c, \overrightarrow{X_c}, \overrightarrow{Y_c}, \overrightarrow{Z_c}$). Un repère intermédiaire noté R^i ($O_i, \overrightarrow{X_i}, \overrightarrow{Y_i}, \overrightarrow{Z_i}$) est introduit pour exprimer le passage du repère R^v au repère R^c.

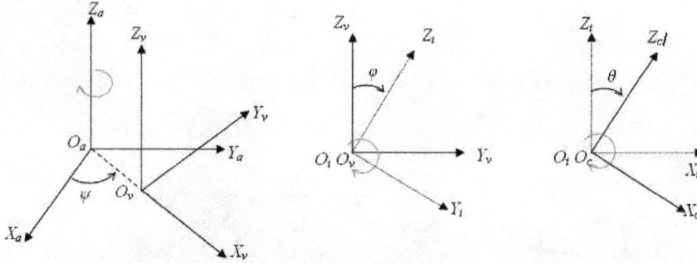

FIGURE 3.2 – Passage entre les différents repères utilisés

3.3 Modélisation de la dynamique du véhicule

Nous nous intéressons dans cette section aux différentes étapes permettant de calculer l'évolution de la vitesse de translation et de la vitesse angulaire du véhicule dans le repère lié à la caisse. Pour obtenir les équations de mouvement du véhicule, nous allons appliquer le principe fondamental de la mécanique des corps solides (Principe de Newton). Le premier principe concerne l'équilibre des forces extérieures agissant sur le véhicule et le deuxième, l'équilibre des moments dynamiques du véhicule par rapport aux moments extérieurs.

$$\begin{cases} m\overrightarrow{\Gamma}_a = \sum \overrightarrow{F}_{ext} \\ \overrightarrow{H}_O = \sum \overrightarrow{M}_{ext} \end{cases} \tag{3.1}$$

où $\sum \overrightarrow{F}_{ext}$ et $\sum \overrightarrow{M}_{ext}$ représentent, respectivement, les forces extérieures et les moments extérieurs appliqués au véhicule, m est la masse totale du véhicule, $\overrightarrow{\Gamma}_a$ est le vecteur d'accélération du véhicule et $\overrightarrow{H}_O$ est le vecteur des moments appliqués au centre de gravité du véhicule.

Hypothèses

Afin de simplifier la modelisation du véhicule, nous allons nous intéresser dans la suite de cette section uniquement à des dynamiques précises du véhicule et en négliger celle qui ne seront pas utiles pour le développement des techniques proposées dans ce présent travail. Nous considérons ici quelques hypothèses simplificatrices pour pouvoir obtenir des modèles exploitables dans la synthèse des observateurs et l'évaluation de la dynamique du véhicule pour la détection des sorties de route et des renversements :

Hypothèse 3.1. *L'ensemble masse nonsuspendue/ masse suspendue (caisse) du véhicule consti-tue un seul même corps rigide. Les déformations et les mouvements relatifs de la caisse qui sont engendrés par les éléments de suspension ne sont donc pas pris en compte.*

Hypothèse 3.2. *Le repère R_c lié à la caisse a son origine au centre de gravité du véhicule.*

Sous ces les hypothèses (3.1) et (3.2) les équations (3.1) deviennent ainsi :

$$\begin{cases} m(\overrightarrow{\dot{V}} + \overrightarrow{\Omega} \times \overrightarrow{V}) = \sum \overrightarrow{F}_{ext} \\ I\overrightarrow{\dot{\Omega}} + \Omega \times I\overrightarrow{\Omega} = \sum \overrightarrow{M}_{ext} \end{cases} \tag{3.2}$$

$\overrightarrow{V} = (v_x, v_y, v_z)^T$ est la vitesse du centre de gravité du véhicule dans le repère absolu. $\overrightarrow{\Omega} = (p, q, r)^T$ est la vitesse de rotation de la caisse du véhicule. La matrice I est le tenseur d'inertie de la caisse du véhicule définie sous la forme :

$$I = \begin{bmatrix} I_x & -I_{xy} & -I_{xz} \\ -I_{yx} & I_y & -I_{yz} \\ -I_{zx} & -I_{zy} & I_z \end{bmatrix} \tag{3.3}$$

où les indices (x, y, z) de l'équation (3.3) sont des notations abrégées pour les directions O_cX_c, O_cY_c et O_cZ_c. Cette matrice est constante dans le référentiel lié à la caisse.

3.3.1 Modèle dérive-lacet (modèle bicyclette)

Pour étudier la dynamique latérale du véhicule, il est possible de ne considérer que la translation dans le plan $O_aX_aY_a$ et la rotation en lacet autour de l'axe O_aZ_a. Les mouvements de tangage, de roulis et de pompage sont négligés. Cette hypothèse conduira dans les sections suivantes au modèle « bicyclette » du véhicule, largement utilisé pour la commande de la dynamique latérale.

Hypothèse 3.3. *Le mouvement du véhicule est restreint aux translations dans le plan horizontal $O_aX_aY_a$ et à la rotation autour de l'axe vertical O_aZ_a.*

Sous l'hypothèse (3.3), le vecteur des vitesses de translation $\overrightarrow{V}$ devient $\overrightarrow{V} = (v_x, v_y, 0)^T$ et le vecteur des vitesses de rotation devient $\overrightarrow{\Omega} = (0, 0, r)^T$. Ces nouvelles expressions injectées dans l'équation (3.2), permettent d'écrire :

$$\begin{cases} m(\dot{v}_x - rv_y) = \sum (F_{ext})_x \\ m(\dot{v}_y + rv_x) = \sum (F_{ext})_y \\ I_z\dot{r} = \sum (M_{ext})_z \end{cases} \tag{3.4}$$

où $\sum (F_{ext})_x$ et $\sum (F_{ext})_y$ représentent respectivement la projection des forces agissant sur le véhicule suivant les axes $O_c X_c$ et $O_c Y_c$. $\sum (M_{ext})_z$ et la resultante des moments appliqués sur le véhicule suivant l'axe $O_c Z_c$

Afin d'obtenir le modèle bicyclette qui tient compte que des variations du déplacement latéral et du mouvement du lacet du véhicule, nous introduisons l'hypothèse suivante :

Hypothèse 3.4. *La vitesse longitudinale du véhicule v_x selon l'axe $O_c X_c$ reste constante ou subit des variations négligeables.*

L'hypothèse (3.4) implique que $\dot{v}_x$ est nulle. De plus, la vitesse latérale v_y peut maintenant être exprimée en fonction de la vitesse longitudinale v_x et de l'angle β appelé l'angle de dérive du véhicule, il indique l'orientation du vecteur vitesse du véhicule par rapport à l'axe $O_c X_c$ (figure 3.3). Cet angle de dérive demeure faible pour les situations de conduite normale et la formule approchée $v_y = v_x \beta$ pourra alors être utilisée. En ne gardant dans les équations de l'équilibre dynamique que celles qui sont liées au mouvement latéral, et au mouvement de lacet, le modèle « dérive-lacet » peut être établi :

$$\begin{cases} mv_x(\dot{\beta} + r) = \sum (F_{ext})_y \\ I_z \dot{r} = \sum (M_{ext})_z \end{cases} \tag{3.5}$$

Pour simplifier l'écriture des modèles qui seront utilisés dans la suite de ce présent travail nous posons $v_x = v$ et $r = \dot{\psi}$. Les expressions $\sum (F_{ext})_x$ et $\sum (F_{ext})_y$ peuvent être exprimées en fonctions des forces de contact pneumatique chaussée :

$$\begin{cases} \sum (F_{ext})_y = 2F_{yf}cos(\delta) + 2F_{xf}sin(\delta) + 2F_{yr} \\ \sum (M_{ext})_z = 2F_{yf}cos(\delta)l_f + 2F_{xf}sin(\delta)l_f - 2F_{yr}l_r \end{cases} \tag{3.6}$$

l_f et l_r étant respectivement les distances qui séparent l'axe avant et arrière du centre de gravité du véhicule. L'angle de braquage des roues avants est noté par δ. Les forces F_{xf} et F_{xr} sont respectivement les forces de contact longitudinales des roues avant et arrière du véhicule et F_{yf} et F_{yr} sont les forces de contact latérales.

Hypothèse 3.5.

Nous considérons l'approximation des angles faibles : $cos(\chi) = 1$ et $sin(\chi) = \chi$.

Sous l'hypothèse (3.4), l'expression (3.5) se simplifie. De plus l'hypothèse (3.4) implique l'absence d'une accélération longitudinale et donc d'une force F_x. Ce qui permet d'écrire :

$$\begin{cases} \sum (F_{ext})_y = 2F_{yf} + 2F_{yr} \\ \sum (M_{ext})_z = 2F_{yf}l_f - 2F_{yr}l_r \end{cases} \tag{3.7}$$

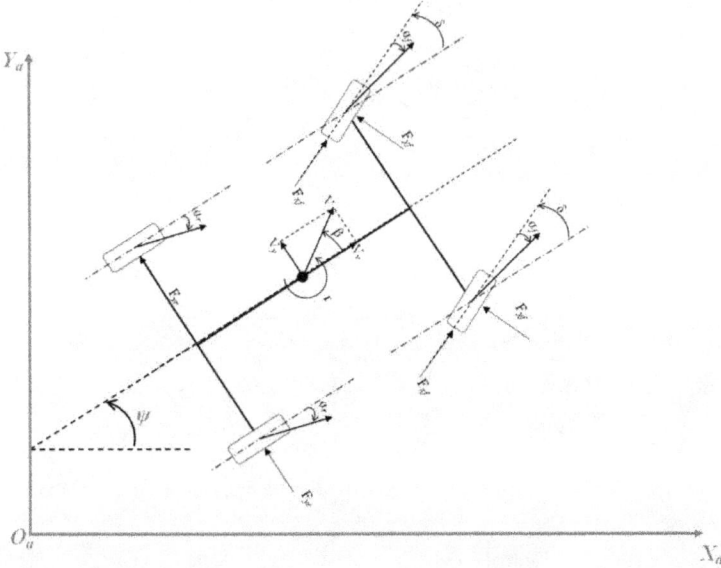

FIGURE 3.3 – Les différents paramètres pour le mouvement latéral du véhicule

En rapportant (3.7) (3.5), le modèle dérive-lacet s'écrit sous la forme suivante :

$$\begin{cases} mv(\dot{\beta} + \dot{\psi}) = 2F_{yf} + 2F_{yr} \\ I_z\ddot{\psi} = 2F_{yf}l_f - 2F_{yr}l_r \end{cases} \tag{3.8}$$

Dans la suite de ce chapitre les forces de contact seront remplacées par leur expression en fonction des différents paramètres et variables de la dynamique du véhicule.

3.3.2 Modèle dérive-lacet-roulis

Un modèle de la dynamique latérale du véhicule avec prise en compte du mouvement du roulis peut être obtenu en considérant les mouvement de la caisse autour de l'axe O_aX_a (figure 3.5). Les équations du mouvement du véhicule s'écrivent alors sous la forme suivante ([Kid06], [Ryu04]) :

$$\begin{cases} m(v\dot{\beta} + v\dot{\psi}) = 2F_{yf} + 2F_{yr} + mh\ddot{\phi} \\ I_z\ddot{\psi} = 2F_{yf}l_f - 2F_{yr}l_r \\ I_x\ddot{\phi} = m_sgh\phi + m_sa_yh - K_\phi\phi - C_\phi\dot{\phi} \end{cases} \tag{3.9}$$

57

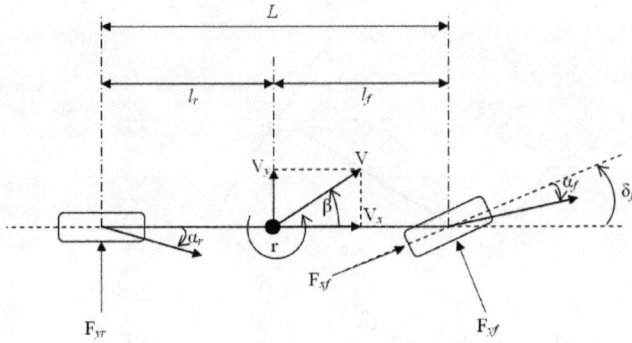

FIGURE 3.4 – Paramètres du modèle bicyclette pour la dynamique latérale du véhicule

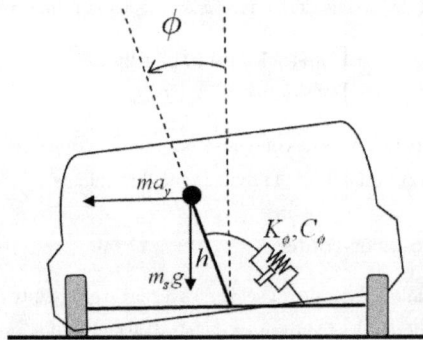

FIGURE 3.5 – Mouvement du roulis du véhicule

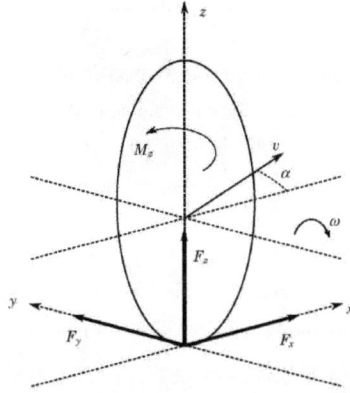

FIGURE 3.6 – Les différentes forces s'exerçant sur la roue

3.3.3 Les forces de contact pneumatique/chassée

Le pneumatique reste le composant du véhicule le plus complexe à modéliser. Son comportement est fortement non-linéaire et il a pour but de transmettre les efforts agissant sur le véhicule au sol pour assurer les différents mouvements du véhicule. De nombreux modèles d'efforts pneu/sol existent dans la littérature ([Dug70], [Pac74], [Bak89], [Kie00]). La figure 3.6 montre les différentes forces agissant sur la roue et l'orientation de la vitesse de la roue par rapport à l'axe horizontal.

Taux de glissement longitudinal

Le taux de glissement dépend de la vitesse de glissement V_{Sxi} donnée par la différence entre la vitesse linéaire du véhicule au point de contact pneu/sol V_{xi} et la vitesse de roulement du pneumatique V_{Rx}, qui s'exprime comme étant la vitesse de rotation de la roue w_i multipliée par son rayon R. Le taux de glissement représente le rapport entre la vitesse de glissement et la vitesse V_{xi}. Le glissement longitudinal diffère selon que la roue soit en situation de freinage ou d'accélération et s'écrit comme suit :

$$\begin{cases} \lambda_i = \frac{V_{xi} - V_{Rx}}{V_{xi}} & si \quad V_{xi} > V_{Rx} \quad (Freinage) \\ \lambda_i = \frac{V_{Rx} - V_{xi}}{V_{xi}} & si \quad V_{xi} < V_{Rx} \quad (Accélération) \end{cases} \qquad (3.10)$$

Ainsi deux situations particulières peuvent être distinguées :

59

- $\lambda_i = 0$, la roue est libre : aucune force longitudinale n'est exercée sur la roue.
- $\lambda_i = 0$, la roue est bloquée ($V_{Rx} = 0$).

Notons qu'à l'heure actuelle, le glissement longitudinal reste une variable difficile à estimer à cause de la connaissance imprécise du rayon dynamique de la roue qui dépend de plusieurs facteurs comme l'état de la pneumatique, la nature de la chaussée, la pression, la température, la charge,..etc

Angle de dérive latéral de la roue

Afin de transmettre les forces latérales, le pneu doit se déformer latéralement. Cela signifie que la direction du mouvement du pneumatique dévie du plan de la roue. La dérive est donc la

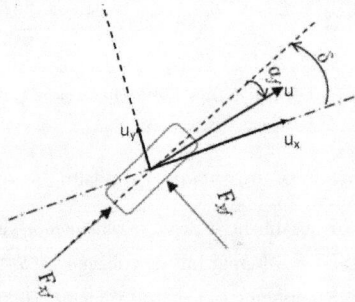

FIGURE 3.7 – Définition de l'angle de dérive des roues

variation de trajectoire du véhicule due à la déformation transversale que subissent les pneumatiques quand ils sont soumis à l'action d'une force latérale. L'angle entre le vecteur vitesse de la roue et le plan de la roue s'appelle "angle de dérive du pneumatique", noté α_i (voir figure 3.7), il est donné par la formule suivante :

$$\alpha_i = \delta_i - arctan(\frac{u_y}{u_x}) = \delta_i - arctan(\frac{v\beta + l_f\dot{\psi}}{v}) \tag{3.11}$$

où δ_i est l'angle de braquage de la roue i, u_x et u_y sont respectivement les projections de la vitesse u de la roue selon l'axe longitudinal et latéral du véhicule.

Modèles des forces de contact pneumatique/chaussée

La modélisation des efforts interagissant entre le pneumatique et la chaussée est complexe car de nombreux phénomènes physiques interfèrent selon une multitude de caractéristiques environnementales et de paramètres de pneumatique (nature de la chaussée, température, pression, ..etc). Plusieurs modèles décrivant le comportement dynamique du pneumatique existent dans la littérature. Dans la suite, nous présentons quelques modèles des plus connus dans la littérature.

1. **Modèle des forces de Dugoff [Dug69],[Dug70] :**

   Ce modèle donne une relation analytique des forces longitudinales et latérales en fonction du taux de glissement longitudinal λ_i, de la force verticale (F_{zi}), de l'angle de dérive latérale α_i, de l'adhérence μ_i et des raideurs du pneumatique (C_{xi} et C_{yi}). Il traduit le couplage entre les différents efforts. Cependant, ce modèle fait l'hypothèse d'une distribution uniforme de la pression verticale sur la zone de contact du pneu.

   L'expression de la force longitudinale est donnée par :

   $$F_{xi} = C_{xi} \frac{\lambda_i}{1 - \lambda_i} f(\sigma_i) \tag{3.12}$$

   L'expression de la force latérale est donnée par :

   $$F_{yi} = C_{yi} \frac{tan\alpha_i}{1 - \lambda_i} f(\sigma_i) \tag{3.13}$$

   La fonction $f(\sigma_i)$ est donnée par :

   $$f(\sigma_i) = \begin{cases} (2 - \sigma_i)\sigma_i & si & \sigma_i < 1 \\ 1 & si & \sigma_i > 1 \end{cases} \tag{3.14}$$

   avec :

   $$\sigma_i = \frac{(1 - \lambda_i)\mu_i F_{zi}}{2\sqrt{C_{xi}^2 \lambda_i^2 + C_{yi}^2 tan^2 \alpha_i}} \tag{3.15}$$

   A noter que la description du moment d'auto-alignement du pneu est absente dans ce modèle. C_{xi} et C_{yi} sont les raideurs longitudinale et latérale du pneu, μ_i est le coefficient d'adhérence pneumatique chaussée. L'adhérence de contact pneumatique/chaussée appartient à l'intervalle $]0 , 1]$. Lorsque $\mu \to 1$, l'adhérence est maximale donc le pneu adhère parfaitement sur la chaussée, et à l'opposé lorsque $\mu \to 0$ la chaussée est supposée verglacée, l'adhérence est quasi-nulle. La figure 3.8 illustre les variation de cette dernière en fonction de l'état de la chaussé et du glissement longitudinal.

2. **Modèle de Pacejka, (Formule magique) [Pac97], [Pac05]**

   Le modèle des pneumatiques utilisé dans la modélisation du contact pneumatique/chaussée le plus connu est celui développé par Pacejka. Ce modèle est couramment nommé la "formule magique", car il est issu d'un raisonnement empirique basé sur l'identification de paramètres à partir d'un essai expérimental. Ce modèle offre une des meilleures représentations et beaucoup de réalisme dans le comportement du pneumatique lorsque ses

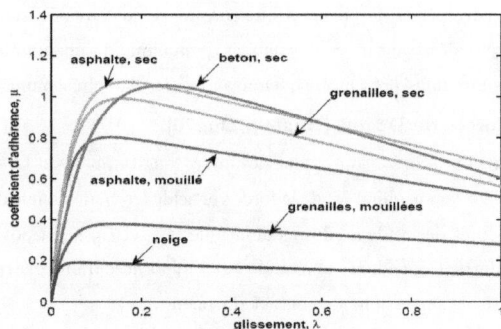

FIGURE 3.8 – Variation du coefficient d'adhérence en fonction de l'état de la chaussée

paramètres sont bien identifiés, en particulier quand le couplage du mode longitudinal et latéral, le carrossage et le transfert de charges sont considérés.

La forme générale de la "formule magique" proposée pour exprimer les expressions des forces tangentielles est donnée par :

$$y(x) = D sin(C \ arctan(Bx - E(Bx - arctan(Bx))))$$ (3.16)

Cette formule permet de produire une courbe qui passe par l'origine. Dans certains cas de figure, il peut être intéressant de produire une courbe décalée. Une translation horizontale de la courbe par S_h et un décalage vertical par S_v peuvent alors être ajoutés comme le montre la figure 3.9.

$$y(x) = Y(X) - S_v$$
$$x = X + S_h$$ (3.17)

La variable Y correspond à la force longitudinale F_x, à la force latérale F_y ou au moment d'auto-alignement. La variable X représente le glissement longitudinal ou l'angle de dérive. S_v est utilisé pour introduire un décalage vertical, alors que S_h est utilisé pour permettre un décalage horizontal de la courbe par rapport à l'origine. Les paramètres de la formule permettent d'ajuster l'allure de cette caractéristique par rapport aux relevés expérimentaux. En effet, le coefficient D correspond au maximum de la courbe d'adhérence. Le coefficient C est une constante qui fixe le type de courbe quant au coefficient B il permet d'ajuster la pente à l'origine. Le coefficient E contrôle l'abscisse de glissement à laquelle la valeur maximale est atteinte. La variable $arctan(BCD)$ représente la pente à l'origine de la courbe, c'est-à-dire au point d'inflexion, pour les efforts transversaux, cela correspond à

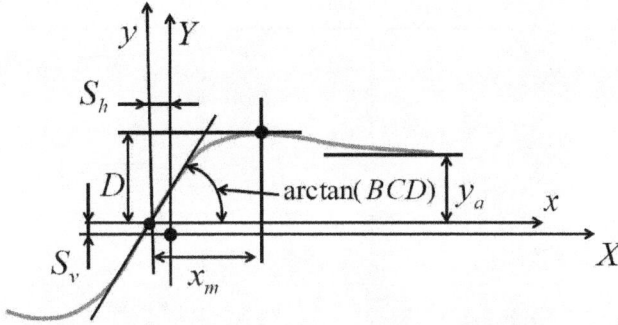

FIGURE 3.9 – Caractéristique de la formule magique de Pacejka

la rigidité de dérive. Finalement, le calcul des différents efforts se fait comme suivant :
– Efforts longitudinaux :

$$F_x(\lambda + S_{hx}) = D_x sin(B_x(\lambda + S_{hx}) - E_x(B_x(\lambda + S_{hx}) - arctan(B_x(\lambda + S_{hx})))) + S_{vx}$$
$$(3.18)$$

– Efforts transversaux :

$$F_y(\alpha + S_{hy}) = D_y sin(B_y(\alpha + S_{hy}) - E_y(B_y(\alpha + S_{hy}) - arctan(B_y(\alpha + S_{hy})))) + S_{vy}$$
$$(3.19)$$

– Moments d'auto-alignement :

$$M_z(\alpha + S_{hz}) = D_z sin(B_z(\alpha + S_{hy}) - E_z(B_z(\alpha + S_{hy}) - arctan(B_z(\alpha + S_{hy})))) + S_{vy}$$
$$(3.20)$$

La figure 3.10 montre un exemple des variations de la force latérale et les zones de fonctionnement du pneumatique en utilisant le modèle de pacejka pour une charge $F_z = 4500N$.

3. Modèle des forces de Burckhardt/Kiencke [Bur93], [Kie00]

Ce modèle est basé sur le coefficient de frottement pneu/sol qui caractérise l'état de la chaussée. Dans le cas des efforts longitudinaux, le coefficient de frottement est donné en fonction du glissement λ, de la vitesse du véhicule v et de quatre paramètres c_1, c_2, c_3 et c_4 :

$$\mu(\lambda, v) = [c_1(1 - exp(-c_2\lambda) - c_3\lambda)]exp(c_4\lambda v)$$
$$(3.21)$$

63

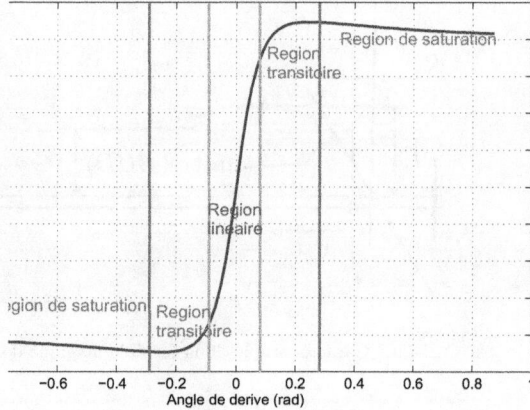

FIGURE 3.10 – Modèle de Pacejka : courbes des efforts latéraux et les zones de fonctionnement du pneumatique

La figure 3.8 représente les caractéristiques du coefficient de frottement en fonction de divers types de revêtement et d'état de chaussée.

- c_1 est la valeur maximale de la courbe d'adhérence
- c_2 est un paramètre qui détermine la forme de la courbe d'adhérence
- c_3 est la différence entre la valeur maximale du frottement et la valeur $\lambda = 1$
- c_4 est le paramètre qui caractérise l'humidité de la chaussée, compris entre 0,02 et 0,04 s/m

En s'inspirant du modèle de Burckhardt, Kiencke a élaboré un modèle pour calculer les forces longitudinales et latérales. Ce modèle calcule les efforts de la façon suivante :

$$F_x = \mu(\lambda, v)F_z$$
$$F_y = \mu(\alpha, v)F_z$$

(3.22)

F_z est la force verticale au niveau du pneumatique.

4. **Modèle linéaire**

Le modèle linéaire est le modèle de représentation des forces le plus utilisé. Il représente les forces pneumatique dans la zone de linéarité, lorsque le véhicule est soumis à des sollicitations dynamiques modérées. Le modèle linéaire est valable pour de faibles dérives

latérales et taux de glissements longitudinaux, soit approximativement pour des accélérations inférieures ou égales à $0.4g$. Dans ces zones de fonctionnement, les efforts de contact
pneumatique/chaussée sont considérés linéaires par rapport aux angles de dérive et aux
taux de glissement longitudinaux. Ces forces peuvent être exprimées par les équations suivantes :

$$F_{xi}(\lambda_i) = C_{xi}\lambda_i \qquad (3.23)$$

$$F_{yi}(\alpha_i) = C_{yi}\alpha_i \qquad (3.24)$$

Les paramètres Cxi et Cyi sont, respectivement, les rigidités longitudinales et de dérives
du pneumatique. Ces rigidités sont données en fonction de beaucoup de paramètres, notamment l'état de la chaussée, la caractéristique du pneumatique et la charge verticale.

3.4 Modélisation linéaire de la dynamique du châssis

Nous décrivons dans cette section les modèles linéaires de la dynamique du véhicule. Il sont
obtenus en utilisant le modèle linéaire des forces latérales de contact pneumatique chaussée
présenté précédemment. Ces forces permettront d'écrire l'équilibre dynamique des forces et des
moments intérieurs dans le cas de véhicule restreint aux mouvements de lacet et de dérive latérale :
le modèle « bicyclette ».

3.4.1 Modèle bicyclette linéaire

Le modèle « bicyclette » représente les deux roues avant et les deux roues arrières du véhicule
par une seule roue (voir Figure 3.4) au milieu de chaque essieu. La roue résultante à l'avant sera
notée R_f et à l'arrière R_r. Les angles de dérive α_f, respectivement α_f. Les forces latérales seront
quant à elles notées F_f et F_r. En utilisant le modèle linéaire de l'équation (3.24), ces forces sont
décrites par :

$$\begin{aligned} F_{yf} &= C_{yf}\alpha_f \\ F_{yr} &= C_{yr}\alpha_r \end{aligned} \qquad (3.25)$$

En remplaçant les angles de dérive (3.11) par leurs expressions respectives, on obtient :

$$\begin{aligned} F_{yf} &= C_{yf}(\delta_f - \beta - \frac{l_f\dot{\psi}}{v}) \\ F_{yr} &= C_{yr}(-\beta + \frac{l_r\dot{\psi}}{v}) \end{aligned} \qquad (3.26)$$

En remplaçant les expressions des forces latérales dans le modèle dérive lacet décrit par le système
d'équation 3.8 on obtient :

$$\begin{cases} mv(\dot{\beta} + \dot{\psi}) = 2C_{yf}(\delta_f - \beta - \frac{l_f\dot{\psi}}{v}) + 2C_{yr}(-\beta + \frac{l_r\dot{\psi}}{v}) \\ I_z\ddot{\psi} = 2C_{yf}(\delta_f - \beta - \frac{l_f\dot{\psi}}{v})l_f - 2C_{yr}(-\beta + \frac{l_r\dot{\psi}}{v})l_r \end{cases} \qquad (3.27)$$

Que l'on peut réécrire sous forme :

$$\begin{cases} \dot{\beta} = -\frac{2(C_{yf}+C_{yr})}{mv}\beta + (\frac{2(C_{yr}l_r - C_{yf}l_f)}{mv^2} - 1)\dot{\psi} + \frac{2C_{yf}}{mv}\delta_f \\ \ddot{\psi} = -2(\frac{l_f C_f - l_r C_{ri}}{I_z})\beta - 2(\frac{l_f^2 C_f + l_r^2 C_r}{I_z v})\dot{\psi} + 2\frac{l_f C_f}{I_z}\delta_f \end{cases} \quad (3.28)$$

Et finalement la représentation d'état du modèle « bicyclette » est obtenue :

$$\begin{pmatrix} \dot{\beta} \\ \ddot{\psi} \end{pmatrix} = \begin{pmatrix} -\frac{2(C_{yf}+C_{yr})}{mv} & (\frac{2(C_{yr}l_r - C_{yf}l_f)}{mv^2} - 1) \\ -2(\frac{l_f C_f - l_r C_{ri}}{I_z}) & -2(\frac{l_f^2 C_f + l_r^2 C_r}{I_z v}) \end{pmatrix} \begin{pmatrix} \beta \\ \dot{\psi} \end{pmatrix} + \begin{pmatrix} \frac{2C_{yf}}{mv} \\ 2\frac{l_f C_f}{I_z} \end{pmatrix} \delta_f \quad (3.29)$$

3.4.2 Modèle bicyclette linéaire avec mouvement de roulis

Dans cette section nous décrivons le modèle linéaire bicyclette avec mouvement de roulis. Ce modèle est obtenu par les mêmes hypothèses simplificatrices utilisées pour le modèle (3.29) mais en considérant les mouvement de roulis du véhicule. ce dernier nous sera très utile dans les chapitre suivant pour caractériser le risque de renversement du véhicule.

En reprenant les équations décrites dans (3.9) et en utilisant le modèle linéaire des forces latérales donné par (3.26), les équations suivantes sont obtenues :

$$\begin{cases} \dot{\beta} = -\frac{2(C_{yf}+C_{yr})}{mv}\beta + (\frac{2(C_{yr}l_r - C_{yf}l_f)}{mv^2} - 1)\dot{\psi} + \frac{2C_{yf}}{mv}\delta_f \\ \ddot{\psi} = -2(\frac{l_f C_f - l_r C_{ri}}{I_z})\beta - 2(\frac{l_f^2 C_f + l_r^2 C_r}{I_z v})\dot{\psi} + 2\frac{l_f C_f}{I_z}\delta_f \\ \ddot{\phi} = \frac{m_s g h}{I_x}\phi + \frac{m_s h}{I_x}a_y - \frac{K_\phi}{I_x}\phi - \frac{C_\phi}{I_x}\dot{\phi} \end{cases} \quad (3.30)$$

Qui peuvent être réécrite sous forme d'équations d'états :

$$\begin{pmatrix} \dot{\beta} \\ \ddot{\psi} \\ \ddot{\phi} \\ \dot{\phi} \end{pmatrix} = \begin{pmatrix} -\frac{\sigma I_{x_{eq}}}{mI_x v} & \frac{\rho I_{x_{eq}}}{mI_x v^2} - 1 & -\frac{hC_\phi}{I_x v} & \frac{h(m_s g h - k_\phi)}{I_x v} \\ \frac{\rho}{I_z} & -\frac{\tau}{I_z v} & 0 & 0 \\ -\frac{m_s h\sigma}{mI_x} & \frac{m_s h\rho}{mI_x v} & -\frac{C_\phi}{I_x} & \frac{(m_s g h - k_\phi)}{I_x} \\ 0 & 0 & 1 & 0 \end{pmatrix} \begin{pmatrix} \beta \\ \dot{\psi} \\ \dot{\phi} \\ \phi \end{pmatrix} + \begin{pmatrix} 2\frac{C_f I_{x_{eq}}}{mI_x} \\ 2\frac{C_f l_f}{I_z} \\ 2\frac{m_s h C_f}{mI_x} \\ 0 \end{pmatrix} \delta_f \quad (3.31)$$

$I_{x_{eq}}$ est le moment d'inertie équivalent défini par

$$I_{x_{eq}} = I_x + m_s h^2 \quad (3.32)$$

σ, ρ et τ sont des variables auxiliaires introduites pour simplifier l'écriture du modèle, elles sont données par :

$$\begin{aligned} \sigma &= 2(C_r + C_f), \\ \rho &= 2(l_r C_r - l_f C_f) \\ \tau &= 2(l_f^2 C_f + l_r^2 C_r) \end{aligned} \quad (3.33)$$

Le modèle dérive-lacet-roulis sera utilisé dans les prochains chapitre dans la synthèse d'observateurs et l'estimation du risque de renversement.

3.5 Conclusion

Nous avons présenté dans ce chapitre les principaux éléments qui interviennent dans la modélisation de la dynamique du véhicule. Nous nous sommes focalisés sur deux types de modèles qui seront très utiles dans les prochains chapitres, le modèle bicyclette et le modèle dérive-lacet-roulis. Après avoir défini les différents mouvements du véhicule, des hypothèses simplificatrices ont été introduites afin d'obtenir des modèles simplifiés et de s'intéresser aux mouvements de la dynamique latérale et de roulis.

La modélisation de la dynamique latérale dépend très fortement des forces de contact pneumatique/chaussé dont la modélisation est très complexe du fait des non-linéarité qui les caractérisent. Nous avons présenté quelques modèles des plus connus pour modéliser ces forces. Le modèle linéaire a été utilisé à la fin de ce chapitre pour écrire les modèles d'état de la dynamique latérale et de roulis du véhicule. Dans la suite de ce travail, une modélisation de type TS sera utilisée afin de prendre en compte les non-linéarités des forces latérales. Des observateurs seront synthétisés à base des modèles obtenus afin d'estimer la dynamique du véhicule et caractériser les risques des sorties de route et des renversements.

Bibliographie

[Ack02] Ackermann, P. Blue, T.BÄunte, L. GÄuvenc, D. Kaesbauer, M. Kordt, M. Mulher, et D. Odenthal. "Robust control, the parameter space approach". Springer-Verlag London ldt, 2002.

[Bak87] E. Bakker, L. Nyborg, et H.B. Pacejka. "Tyre modelling for use in vehicle dynamics studies". SAE Transaction, 1987.

[Bak89] E. Bakker, H. B. Pacejka, and L. Lidner. "A new tire model with an application in vehicle dynamics studies". In SAE. SAE paper, 1989.

[Bur93] M. Burckhardt. "Slip control braking of an automobile during combi- ned braking and steering maneuvers". Fahrwerktechnik : Radschlupf-Regelsysteme, 1993.

[Deb96] P. Debay "Amélioration de l'accessibilité des autobus urbains pour les personnes à mobilité réduite : guidage à l'accostage.". Thèse de doctorat de l'Université des Sciences et Technologies de Lille, Septembre 1996.

[Dug69] H. Dugoff, P. Fencher, and L. Segel. "Tire performance characteristics affecting vehicle response to steering ami braking control inputs". Technical report, Technical report. University of Michigan, 1969.

[Dug70] H. Dugoff, P. Fanches, and L. Segel. "An analysis of tire traction properties and their influence on vehicle dynamic performance". In SAE, (700377), 1970.

[Gil92] T.D. Gillespie "Fundamentales of vehicle dynamics. Society of Automotive Engineers". (SAE), 1992.

[Kid06] S. Kidane, L. Alexander, R. Rajamani, P. Starr and M. Donath. "Road Bank Angle Considerations in Modeling and Tilt Stability Controller Design for Narrow Commuter Vehicles". *In Proc. of the 2006 American Control Conference.*, Minneapolis, Minnesota, USA, June 14-16, 2006.

[Kie00] U. Kiencke et N. Nielsen. "Automotive control system". Springer, 2000.

[Kie05] U. Kiencke et N. Nielsen. "Aautomotive control systems for engine, driveline, and vehicle. ". 2d edition. Springer, 2005.

[Men10] L. Menhour "Synthèse de commandes au volant d'une automobile pour le diagnostic de rupture d'un itinéraire. Développement et validation expérimentale". Thèse de l'université de tevhnologie de Compiègne, France, 2010.

[Nic08] N. Minoiu Enache "Assistance préventive à la sortie de voie". Thèse de l'université d'Evry Val d'Essonne, France, 2008.

[Nou02] L. Nouvelière. "Commande robuste appliquées au contrôle assisté d'un véhicule à basse vitesse.". In PhD thesis. Université de Versailles - Saint Quentin en Yvelines, 2002.

[Oud08] M. Oudghiri "Commande multi-modèles tolérante aux défauts : Application au contrôle de la dynamique d'un véhicule automobile". Thèse de l'université de picardie Jules Verne, France, 2008.

[Pha91] A.T. Pham "Nouvelle méthode de modélisation de la dynamique des véhicules". SIA, 1991.

[Pac05] H. B. Pacejka. " Tyre and vehicle dynamics". Elsevier, 2005.

[Pac74] H.B. Pacejka. "Somme recent investigations in to dynamics and frictional behavior of pneumatic tires". In The physics of tire traction - theory and experiment.

[Pac97] H. B. Pacejka and I. J. M. Besselink. "Magic formula tyre model with transient properties". Vehicle System Dynamics Supplement, 27 :pp. 234-249, 01 January 1997.

[Ryu04] J. Ryu and J. Christian Gerdes. "Estimation of Vehicle Roll and Road Bank Angle". *In Proc. of the 2004 American Control Conference.*,Boston, Massachusetts June 30. July 2.2004.

[Sen07] C. Sentouh "Analyse du risque et détection de situations limites Application au développement des systèmes d'alerte au conducteur". Thèse de l'université d'Evry Val d'Essonne, France, 2007.

Chapitre 4

Observateurs d'état pour les systèmes de type Takagi-Sugeno

Sommaire

4.1 Introduction

De nombreuses méthodes de commande des processus et de diagnostic nécessitent la connaissance d'un ou plusieurs états du système. Cependant, dans la plupart des cas, les seules grandeurs
mesurables du système sont les variables d'entrée et de sortie, il est donc nécessaire, à partir de
ces informations, de reconstruire l'état du modèle. Un Constructeur d'état ou estimateur est un
système ayant comme entrées les variables mesurées du système et dont la sortie est une estimation des états de ce système. Dans le cas déterministe, ce système est appelé observateur d'état
([Lue64] et [Wil68]) et dans le cas d'un système stochastique il est appelé filtre ([Kal60], [Aok67]
et [New70]).

Lorsqu'un système est complètement observable, la reconstruction d'état peut être effectuée
soit par un observateur d'ordre complet (l'ordre de l'observateur et le même que celui du système),
soit par un observateur d'ordre réduit (l'ordre de l'observateur et plus petit que celui du système).

Dans le cas des systèmes représentés par des modèles TS, la conception d'un observateur TS
suppose que les modèles locaux sont localement observables, c'est-à-dire que toutes les paires (A_i,
C_i) sont observables. Plusieurs approches ont été développées pour la synthèse d'observateurs
TS avec et sans incertitudes ([Pat98] [Sha00] [Sha00]). La synthèse d'observateurs TS à entrées
inconnues a été également étudiée par de nombreux travaux. Par exemple dans [Akh04b], [Cha08]
et [Cha09], des observateurs TS robustes pour une classe de systèmes représentés par des modèles
TS incertain et à entrées inconnues ont été développés et appliqués pour le diagnostic des défauts.
Dans [Len11] un observateur adaptatif est synthétisé pour un modèle TS à entrées inconnues. Le
contrôle latéral ou longitudinal d'un véhicule routier, mais aussi le développement des systèmes
avancés d'aide à la conduite font usage de plusieurs états de la dynamique du véhicule qui ne
sont pas tous directement mesurables. Les capteurs permettant d'accéder à ces mesures n'existent
pas encore, ou ils ont un coût prohibitif par rapport aux applications visées. Pour pallier cette
difficulté, les observateurs et les observateurs TS sont souvent la solution la plus adéquate. Dans
ce présent travail les états de la dynamique du véhicule ainsi que des attributs de la route ont
été estimés afin d'être utilisés dans des algorithmes de caractérisation des risques de sorties de
route et des renversements. Afin de prendre en compte les non-linéarités des forces latérales, une
représentation TS est utilisée. Des observateurs TS ont donc été développés dans cette thèse pour
ce type de représentation en présence des incertitudes paramétriques, des entrées inconnues, de
variables de décision non mesurables, etc.

L'approche TS, est basée sur la représentation floue ([Bou04] [Bou07]), elle a connu un intérêt
certain depuis de nombreuses années ([Joh92] [Mur97] [Lo03], [Kau07] [Oud07]). L'idée de cette
approche est l'appréhension du comportement non linéaire d'un système par un ensemble de mo-

dèles locaux caractérisant le comportement du système dans différentes zones de fonctionnement. En effet, les modèles TS s'écrivent sous forme d'interpolation entre des modèles linéaires valides dans une zone de fonctionnement et pondérés par des fonctions appelées fonctions d'activation dépendantes des variables de décision.

Dans ce chapitre, nous présentons dans un premier temps l'application des observateurs dans le monde automobile. Ensuite, quelques définitions et généralités sur les observateurs seront présentées dans la section 2. Dans un deuxième temps, quelques méthodes de synthèse d'observateurs à entrées inconnues qui seront utilisées dans la suite de ce travail seront discutées en détail. Nous aborderons par la suite les modèles floues de type TS et les différentes méthodes d'obtention d'une telle représentation en fonction du système étudié. Enfin, quelques résultats sur les observateurs pour les systèmes de type TS seront présentés dans les cas de variables de décision mesurables et non mesurables, et nous terminerons par une conclusion.

4.2   Application des observateurs dans le monde automobile

Pendant les deux dernières décennies, les observateurs ont suscité un très grand intérêt dans le domaine automobile en générale et dans le domaine de la dynamique du véhicule en particulier. Malgré les grandes avancées de l'électronique et des capteurs embarqués dans les véhicules, un grand nombre de paramètres et de variables relatifs à la dynamique du véhicule et des attributs de la route restent inaccessible à la mesure et d'autre mesurables par des capteurs très coûteux. Afin de développer des systèmes de contrôle actif et des systèmes d'aide à la conduite ces variables doivent être estimés à partir de la connaissance des états mesurables. Plusieurs travaux de recherche ont été menés pendant ces dernières années pour développer des techniques d'estimation des états de la dynamique du véhicule (forces de contact pneu/chaussée, vitesse latérale, angle de glissement latéral, etc.) et des attributs de la route (Pente, courbure, dévers). Dans [Rab05] un observateur différentiel, basé sur la méthode de mode glissant d'ordre 2 a été développé pour l'estimation des états de la dynamiques du véhicule et la reconstitution de la pente de la route. Une méthode d'estimation de l'état et des forces de contact d'un véhicule a été présentée dans [Had01]. Des résultats de simulations ont montré l'efficacité de l'observateur à estimer l'état et les forces de contact en respectant les conditions de convergences. Dans [Imi03], une approche fondée sur l'utilisation d'observateurs non-linéaires robustes à entrées inconnues, pour l'estimation des quatre traces de roulement du véhicule a été développée. Une convergence de l'observateur en temps fini est démontrée, et de ce fait, l'estimation du vecteur d'entrées inconnues. Les résultats de simulations et d'expérimentations ont montré une bonne convergence de l'observateur pour l'estimation des états (positions et vitesses). Dans [Mam06], un observateur proportionnel inté-gral (PI) à entrées inconnues est développé pour la reconstruction de la dynamique latérale et l'estimation des entrées inconnues du modèle de véhicule tels que l'angle de dévers de la route et la force du vent. D'autres exemples d'estimation ont été donnés, comme l'estimation des défauts dus au moment de lacet et le signal d'offset du capteur de mesure de la vitesse de lacet. Une combinaison de deux observateurs a permis d'estimer le coefficient d'adhérence. Dans [Sen07], une structure d'estimation utilisant des observateurs en cascade a été développée. Cette structure a permis l'estimation des états dynamiques, des glissements et des dérives latérales au niveau de chaque pneumatique grâce à un filtre de Kalman étendu. Cette technique permet d'estimer aussi les paramètres dynamiques du véhicule en utilisant un second filtre de Kalman étendu. Une technique de commande tolérante au défauts capteur a été développée dans [Oud08] en se basant sur la représentation de type TS du modèle de la dynamique véhicule. Des observateurs TS ont été synthétisés pour le modèle développé en prenant en compte les incertitudes paramé-triques. Dans ce présent travail, des techniques d'estimation de la dynamique du véhicule et des attributs de la route ont été développées et appliquées à la détection des sorties de route et des renversements des véhicules. Ces techniques sont basées sur la synthèse d'observateurs TS avec entrées inconnues en utilisant des approches robustes.

4.3   Définition d'un observateur et généralité

La connaissance des états du système à chaque instant est nécessaire, non seulement dans le cas classique de commande par retour d'état statique ou dynamique, mais aussi bien dans un contexte plus général comme par exemple pour le diagnostic, la détection de panne, l'estimation des risques, etc. Cependant pour des raisons technologiques (indisponibilité de capteur) ou de fiabilité (environnement bruité) ou tout simplement pour des raisons économiques (coût des capteurs), la mesure de tout l'état n'est souvent pas possible. Il est donc nécessaire de pouvoir reconstituer les variables d'état non disponibles à la mesure à l'aide des mesures disponibles. Pour cela on doit faire appel aux observateurs qui sont des équations dynamiques permettant d'estimer les variables inconnues de l'état grâce aux variables d'état connues (voir figure 4.1). Pour illustrer ceci, considérons le système suivant :

$$\begin{cases} \dot{x} = f(x, u) \\ y = h(x) \end{cases} \tag{4.1}$$

où $x \in \mathbb{R}^n$ représente le vecteur des états, $y \in \mathbb{R}^p$ représente le vecteur de mesure et $u \in \mathbb{R}^m$ est le vecteur des entrées du système.

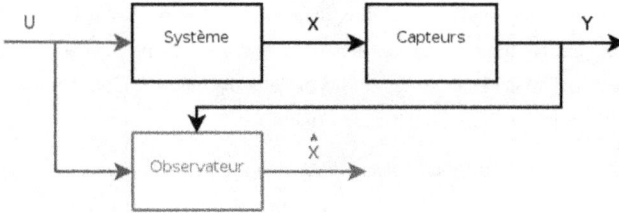

FIGURE 4.1 – Structure générale d'un observateur

L'observateur correspondant au système (4.1) se présente comme un système dynamique auxiliaire qui se traduit généralement comme une copie du système à observer plus un terme correcteur $L(y, \hat{x})$:

$$\begin{cases} \dot{\hat{x}} = f(\hat{x}, u) + L(y, \hat{x}) \\ \hat{y} = h(\hat{x}) \end{cases} \tag{4.2}$$

Le terme correcteur est rajouté afin de permettre l'ajustement de l'état estimé $\hat{x}$ et sa convergence vers l'état x en un temps fini.

Plusieurs méthodes de synthèse d'observateur existent dans la littérature. Parmi les méthodes les plus utilisées on peut citer l'observateur de Kalman ([Kal60]) et l'observateur de Luenberger ([Lue64]) pour les systèmes linéaires. Pour les systèmes non linéaires, nous pouvons citer les méthodes suivantes : les observateurs basés sur la théorie de la stabilité de Lyapunov ([Tha73]), les observateurs à grand gains ([Nic98] [Esf89]), les observateurs par modes glissants ([Utk77] [Slo86]), etc. La définition et la synthèse de l'observateur doit souvent être précédée d'une étude d'observabilité du système. Celle-ci traduit la possibilité mathématique de reconstruire l'état à partir des mesures disponibles et des entrées du système. Pour les systèmes linéaires, la notion de rang est utilisée pour l'étude d'observabilité. Pour les systèmes non linéaires, on définit des types d'observabilité correspondant à des approches locales ou globales (cf. [Her77], [Gau81]). La garantie de stabilité de l'observateur et donc la convergence de l'état observé vers l'état réel du système se fait en terme d'erreur d'observation $e = x - \hat{x}$. Cette erreur doit converger vers zéro en un temps fini.

4.3.1 Observabilité

L'observabilité d'un système est la possibilité de reconstruire l'état initial $x(t_0)$ à partir de la seule connaissance des sorties $y(t, t_0)$ et des entrées $u(t, t_0)$ dans un intervalle de temps suffisamment long contenu dans $[t_0, t_0 + T[$.

Afin d'introduire la notion d'obsevabilité, nous rappelons certaines définitions des systèmes non linéaires, qui ont été proposées dans [Her77] et [Bor93]). La notion d'observabilité est basée sur la possibilité de différencier deux conditions initiales distinctes. On parlera ainsi de la notion de distinguabilité d'un couple de conditions initiales.

Définition 1. *(Distinguabilité - Indistinguabilité) : Deux états initiaux x_0, $x_1 \in \mathcal{V}$ tel que $x_0 \neq x_1$ sont dits distinguables dans $\mathcal{V}$ si $\exists t \geq 0$ et $\exists u : [0,t] \to U$ une entrée admissible telle que les trajectoires des sorties issues respectivement de x_0 et x_1 restent dans $\mathcal{V}$ pendant la durée $[0,t]$ et vérifient $y(t, x_0, u(t)) \neq y(t, x_1, u(t))$. Dans ce cas, on dira que u distingue x_0 et x_1 dans $\mathcal{V}$. Réciproquement, deux états initiaux x_0, $x_1 \in \mathcal{V}$ tel que $x_0 \neq x_1$ sont dits indistinguables si $\forall t \geq 0$ et $\forall u : [0,t] \to U$ pour lesquels les trajectoires issues de x_0, x_1 restent dans $\mathcal{V}$ on a : $y(t, x_0, u(t)) = y(t, x_1, u(t))$.*

Cette définition permet de donner une définition de l'observabilité d'un système en un point, et par extension, de définir un système observable.

Définition 2. *(Observabilité) : Un système est observable en $x_0 \in \mathcal{V}$ si tout autre état $x_1 \neq x_0$ est distinguable de x_0 dans $\mathcal{V}$. Un système est observable s'il est observable en tout point $x_0 \in \mathcal{V}$.*

Cette définition de l'observabilité est donnée pour les systèmes linéaire et non linéaire, dans la suite de cette section les critères d'observabilité des systèmes linéaires seront détaillés.

4.3.2 Observabilité des systèmes linéaires

L'observabilité des systèmes linéaires est décrite dans de nombreuses références ([Ore83], [Bor92]), Nous présenterons ici les critères d'observabilité des systèmes linéaires certains et réguliers. Soit le systèmes linéaire stationnaire suivant :

$$\begin{cases} \dot{x}(t) = Ax(t) + Bu(t) \\ y(t) = Cx(t) \qquad x(t) \in \mathbb{R}^n, \quad u(t) \in \mathbb{R}^m, \quad y(t) \in \mathbb{R}^p \end{cases} \qquad (4.3)$$

l'observabilité des systèmes linéaires est caractérisée par la condition du rang : le système (4.3) est observable si et seulement si la matrice d'observabilité $\mathcal{O}$ donnée par :

$$\mathcal{O} = \begin{pmatrix} C \\ CA \\ \vdots \\ CA^{n-1} \end{pmatrix} \qquad (4.4)$$

est de rang plein (rang($\mathcal{O}$)= n).

Un deuxième critère équivalent au précèdent est présenté dans [Ore83], le système (4.3) est complètement observable si :

$$Rang \begin{pmatrix} sI - A \\ C \end{pmatrix} = n \tag{4.5}$$

pour tout s complexe.

4.4 Observateurs pour les systèmes linéaires

Le principe de construction d'un observateur consiste à assurer la convergence de l'erreur d'estimation entre la sortie réelle et la sortie reconstruite. Cet observateur est défini comme suit :

$$\begin{cases} \dot{\hat{x}}(t) = A\hat{x}(t) + Bu(t) + L(y(t) - \hat{y}(t)) \\ \hat{y}(t) = C\hat{x}(t) \end{cases} \tag{4.6}$$

où $L \in \mathbb{R}^{n \times p}$ est le gain de l'observateur (4.6), choisi tel que les valeurs propres de $A - LC$ sont à parties réelles négatives. L'observateur (4.6) est un observateur exponentiel pour le système (4.3), communément appelé par le nom de son auteur, observateur de Lunenberger . La figure 4.2 illustre la structure de l'observateur (4.6) par rapport au système (4.3).

L'observateur est synthétisé de telle sorte que la différence entre l'état du système et son estimé tende vers zéro quand t tend vers ∞, donc si les valeurs propres de $(A - LC)$ sont dans le demi-plan gauche du plan complexe. Le gain de l'observateur L peut être déterminé par la méthode de placement de pôles si le théorème suivant est vérifié [Bor90] :

Théorème 1. *Les valeurs propres de $(A - LC)$ peuvent être fixées arbitrairement si et seulement si la paire (A, C) est observable*

De façon générale, la valeur de la matrice L est choisie telle que la partie réelle des valeurs propres de la matrice $A - LC$ soit plus grande, en valeur absolue, que la partie réelle des valeurs propres de la matrice d'état A, ainsi, la dynamique de l'erreur d'estimation sera plus rapide que celle du processus (système). Mais, le choix de la matrice L présente un dilemme à prendre en considération [Die94] :

- Les variations des paramètres du modèle et les perturbations qui peuvent agir sur la paire (A, B) conduisent, si elles sont importantes, à choisir une valeur élevée de la matrice L afin de renforcer l'influence des mesures sur l'estimation d'état.

- Mais choisir une grande valeur de L risque d'amplifier le bruit entachant la mesure des grandeurs de sortie et donc d'augmenter considérablement l'erreur d'estimation.

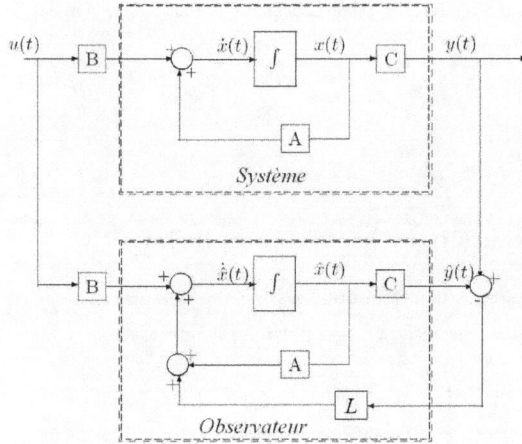

FIGURE 4.2 – Diagramme structurel d'un observateur linéaire

Le gain de l'observateur doit donc être choisi en effectuant un compromis pour satisfaire au mieux ces deux contraintes.

4.5 Observateurs à entrées inconnues

Outre la reconstruction de l'état pour élaborer des commandes basées sur observateurs, nous décrivons ici une autre application importante des observateurs en diagnostic et détection de défauts. Dans cet optique on utilise l'observateur pour générer des résidus permettant d'élaborer une décision dans un étage de surveillance et diagnostic du système lorsque des perturbations ou des défauts apparaissent sur un processus. On a en effet des variables qui agissent sur le système mais qui ne peuvent être mesurées et qui peuvent être considérées comme des entrée inconnues dont la présence peut rendre difficile l'estimation de l'état du système. Nous n'utiliserons ici que des observateurs d'ordre complet, les techniques de réduction de la taille des observateurs pouvant bien sûr être utilisées.

Considérons le modèle donné par les équations suivantes :

$$\begin{cases} \dot{x}(t) = Ax(t) + Bu(t) + \Phi(t) \\ y(t) = Cx(t) + \Psi(t) \end{cases} \qquad (4.7)$$

où, en plus des termes habituels, nous avons $\Phi(t)$ et $\Psi(t)$ qui représentent, par exemple, l'effet des perturbations, d'entrées inconnues, des défauts de capteurs ou d'actionneurs. Le but ici étant de reconstruire les états du système en présence de ces termes inconnues et dans certain cas d'estimer ces derniers.

Plusieurs travaux ont été réalisés sur l'estimation des états en présence d'entrées inconnues, ils peuvent être regroupés en deux catégories [Akh04a]. La première suppose la connaissance a priori d'informations sur ces entrées non mesurables, en particulier, [Joh75] propose une approche polynomiale et Meditch [Med71] suggère d'approcher les entrées inconnues par la réponse d'un système dynamique connu. La deuxième catégorie procède soit par estimation de l'entrée inconnue [Xio03][Flo06] , soit par son élimination complète des équations du système [Das00] [Val99]. Nous décrivons dans cette section deux techniques de synthèse de la deuxième catégorie, la technique d'élimination des entrées inconnues et les observateurs discontinus.

4.5.1 Élimination des entrées inconnues

Considérons le système linéaire soumis à des entrées inconnues modélisé par les équations d'état suivantes :

$$\begin{cases} \dot{x}(t) = Ax(t) + Bu(t) + B_w w(t) \\ y(t) = Cx(t) \end{cases} \tag{4.8}$$

où $w(t) \in \mathbb{R}^q$, est le vecteur des entrées inconnues et $B_w \in \mathbb{R}^{n \times q}$ est la matrice d'influence des entrées inconnues.

B_w est supposée être de rang plein en colonnes, c'est-à-dire :

$$Rang(B_w) = q \tag{4.9}$$

Un observateur à entrées inconnues existe pour le système (4.8) si et seulement si les deux conditions de rang suivantes sont satisfaites ([Liu07], [Yan88], [Gua91], [Dar94]) :

$$Rang(CB_w) = q \tag{4.10}$$

$$Rang \begin{pmatrix} sI - A & B_w \\ C & 0 \end{pmatrix} = n + q \qquad \forall s \in \mathcal{C}, \ \mathfrak{Re}(s) \geq 0 \tag{4.11}$$

L'objectif est de pouvoir estimer le vecteur d'état malgré la présence des entrées inconnues $w(t)$. Ainsi, un observateur d'ordre plein à entrées inconnues prend la forme suivante [Liu07], [Yan88], [Dar94] :

$$\begin{cases} \dot{\hat{z}}(t) = N\hat{z}(t) + Du(t) + Ly(t) \\ \hat{x}(t) = z(t) - Ey(t) \end{cases} \tag{4.12}$$

79

où $z(t) \in \mathbb{R}^n$ est l'état de l'observateur, $\hat{x}(t) \in \mathbb{R}^n$ est l'estimée de l'état du système x, $N \in \mathbb{R}^{n \times n}$, $L \in \mathbb{R}^{n \times p}$, $D \in \mathbb{R}^{n \times m}$ et $E \in \mathbb{R}^{n \times p}$ sont des matrices qu'il faut choisir de sorte que l'erreur d'observation $e = x - \hat{x}$ converge asymptotiquement vers 0.

L'erreur d'observation s'écrit alors

$$
\begin{aligned}
e &= \hat{x} - x \\
&= z - (I_n + EC)x
\end{aligned}
\tag{4.13}
$$

En introduisant la matrice $P = I + EC$, l'équation de la dynamique d'évolution de cette erreur s'écrit sous la forme suivante :

$$
\begin{aligned}
\dot{e} &= \dot{z} - P\dot{x} \\
&= Nz + Ly + Du - PAx - PBu - PB_w w \\
&= N(e + Px) + LCx - PAx - (PB - D)u - PB_w w \\
&= Ne + (NP - PA + LC)x - (PB - D)u - PB_w w
\end{aligned}
\tag{4.14}
$$

Pour que $\lim_{t \to \infty} e(t) = 0$, pour toutes les entrées, connues et inconnues, et pour tout état initial, il est nécessaire que les conditions suivantes soient vérifiées :

1. N est une matrice de Hurwitz ;

2. $PB_w = 0$

3. $D = PB$

4. $LC - PA = -NP$

L'équation (4.14) de la dynamique de l'erreur d'observation devient alors :

$$
\dot{e} = Ne
\tag{4.15}
$$

Compte tenu de la stabilité de la matrice N, l'erreur d'observation converge asymptotiquement vers 0.

4.5.2 Observateurs discontinus (observateur de Walcott et Zak)

Afin d'estimer les états d'un système en présence des entrées inconnues, une autre technique consiste à rajouter un terme discontinu (glissant) pour compenser ces dernières et faire converger l'erreur d'observation vers 0. Dans ces travaux de recherche l'auteur de [Utk81] présente une méthode de conception d'un observateur à structure discontinue pour lequel l'erreur entre les sorties estimées et mesurées est forcée à converger vers zéro en présence des entrées inconnues. Dorling et Zinober [Dor86] ont exploré l'application pratique de cet observateur à un système incertain et examiné les difficultés du choix d'un gain approprié glissant. Walcott et Zak ([Wal88] [Zak90]) ont présenté une méthode de conception d'observateur basée sur l'approche de Lyapunov. Sous des hypothèses appropriées, ils ont montré la décroissance asymptotique de l'erreur d'estimation d'état en présence de non-linearités/incertitudes bornées. Nous présentons dans cette section le principe de synthèse d'un observateur avec un terme discontinu en présence des entrées inconnues introduit par Walcott et Zak.

Considérons un système dynamique décrit par :

$$\begin{cases} \dot{x}(t) = Ax(t) + Bu(t) + B_w w(x,t) \\ y(t) = Cx(t) \end{cases} \tag{4.16}$$

où la fonction $w(x,t)$ est une fonction bornée et inconnue, telle que :

$$\|w(x,t)\| \leq \rho, \quad \forall x(t) \in \mathbb{R}^n, t \geq 0 \tag{4.17}$$

Le problème considéré par Walcott et Zak ([Wal86] [Wal88]) est l'estimation d'état d'un système décrit par (4.16) de sorte que l'erreur tende vers zéro d'une façon exponentielle malgré la présence des incertitudes considérées. L'observateur proposé est de la forme suivante :

$$\begin{cases} \dot{\hat{x}}(t) = A\hat{x}(t) + Bu(t) - L(y(t) - \hat{y}(t)) + \nu(t) \\ \hat{y}(t) = C\hat{x}(t) \end{cases} \tag{4.18}$$

La dynamique de l'erreur d'estimation d'état engendrée par cet observateur est régie par l'équation suivante :

$$\begin{aligned} \dot{e} &= \dot{\hat{x}}(t) - \dot{x}(t) \\ &= (A - LC)e(t) + \nu(t) - B_w w(x,t) \end{aligned} \tag{4.19}$$

La dynamique de l'erreur décrite par l'équation (4.19) est stable et l'erreur d'estimation $e(t) = x(t) - \hat{x}(t)$ converge vers zéro si et seulement s'il existe une matrice $L \in \mathbb{R}^{n \times p}$ telle que la matrice $A_L = (A - LC)$ a des valeurs propres stables, une paire de matrices de Lyapunov (P, Q) symétriques et définies positives et une matrice F respectant les contraintes structurelles suivantes :

$$\begin{aligned} A_L^T P + P A_L &= -Q \\ C^T F^T &= PR \end{aligned} \tag{4.20}$$

et le terme discontinu $\nu(t)$ est donné par :

$$\begin{cases} \nu(t) = -\rho \frac{P^{-1} C^T F^T F Ce(t)}{\|FCe(t)\|} & si \quad FCe(t) \neq 0 \\ 0 & sinon \end{cases} \tag{4.21}$$

Donc pour garantir la convergence asymptotique de l'observateur, on doit vérifier que :

– la paire (A, C) est observable,

– il existe une paire de matrices de Lyapunov (P, Q) et une matrice F respectant les contraintes (4.20).

La démonstration de la convergence asymptotique de l'erreur d'estimation et l'obtention de ces contraintes sont décrites avec plus de détail dans [Akh04a] et [Walc 88].

Nous allons nous intéresser dans la suite de ce chapitre à la représentation flou de type Takagi-sugeno et la synthèse s'observateurs pour ce type de systèmes.

4.5.3 Utilisation de l'approche H_∞

Considérons le modèle donné par les équations suivantes :

$$\begin{cases} \dot{x}(t) = Ax(t) + Bu(t) + B_w w(t) \\ y(t) = Cx(t) \end{cases} \tag{4.22}$$

Afin d'estimer les états du système (4.22) en minimisant l'effet de l'entrée inconnue, un observateur d'ordre plein de Luenberger peut être utilisé :

$$\begin{cases} \dot{\hat{x}}(t) = A\hat{x}(t) + Bu(t) + L(y - \hat{y}) \\ \hat{y}(t) = C\hat{x}(t) \end{cases} \tag{4.23}$$

La dynamique de l'erreur d'estimation d'état sera alors régie par l'équation suivante :

$$\begin{aligned} \dot{e} &= \dot{\hat{x}}(t) - \dot{x}(t) \\ &= (A - LC)e(t) + B_w w(t) \end{aligned} \tag{4.24}$$

Dans ce cas afin d'assurer la convergence de l'erreur d'estimation, l'approche H_∞ est utilisée de façon à calculer le gain L en minimisant l'effet de l'entrée inconnue $w(t)$ sur la dynamique de l'erreur d'estimation. Cette approche sera présentée avec plus de détails dans le chapitre 5 et sera étendue aux systèmes TS.

4.6 Les modèles flous de type Takagi-Sugeno

La représentation floue de Takagi-Sugeno (TS) constitue une représentation mathématique très intéressante des systèmes non linéaires car elle permet de représenter tout système non linéaire, quelle que soit sa complexité, par une structure simple composée par des modèles linéaires interpolés et pondérés par des fonctions non linéaires positives ou nulles et bornées. Ces modèles possèdent une structure simple présentant des propriétés intéressantes les rendant facilement exploitables de point de vue mathématique et permettent l'extension de certains résultats du domaine linéaire aux systèmes non linéaires. Le modèle TS [Tak85] est décrit par des règles floues de type "si-alors" qui représentent des modèles LTI.

4.6.1 Structure des modèles TS

Ainsi, toute représentation TS d'un système non linéaire est structurée comme une interpolation d'autant de systèmes linéaires que de règles floues utilisées. Il est prouvé que les modèles flous TS sont des approximateurs universels [Buc92], [Cas95]. Les règles floues qui décrivent un modèles TS sont de la forme suivante :

$$Si\ z_1(t)\ est\ F_{i1}\ et,\ ...,\ et\ z_q(t)\ est\ F_{iq}$$
$$alors \quad \begin{cases} \dot{x}(t) = A_i x(t) + B_i u(t) \\ y(t) = C_i x(t) \end{cases} \tag{4.25}$$

Avec : $i = 1, ..., M$, M est le nombre de règles et F_{ij} sont les fonctions d'appartenance des ensembles flous, $j = 1, ..., q$, $u(t) \in \mathbb{R}^m$ est le vecteur d'entrée, $y(t) \in \mathbb{R}^p$ est le vecteur de sortie, $A_i \in \mathbb{R}^{n \times n}$, $B_i \in \mathbb{R}^{n \times m}$ et $C_i \in \mathbb{R}^{p \times n}$ sont les matrices d'états et de sortie. $z_1(t), ..., z_q(t)$ sont les variables des prémisses qui peuvent être des fonctions des variables d'état, des entrées ou une combinaison des deux. A chaque règle est attribué un poids $\omega_i(z(t))$ qui dépend du vecteur $z(t) = [z_1(t), ..., z_q(t)]$ et du choix de l'opérateur logique. L'opérateur "et" est souvent choisi comme étant le produit, d'où :

$$\omega_i(z(t)) = \prod_{j=1}^{p} F_{ij}(z_j(t)), \quad i = 1, ..., M \tag{4.26}$$

avec $\omega_i(z(t)) \geq 0$, pour tout $t \geq 1$

On obtient alors l'équation d'état sous la forme :

$$\dot{x}(t) = \sum_{i=1}^{M} \mu_i(z(t)) \left(A_i x(t) + B_i u(t) \right) \tag{4.27}$$

La fonction $\mu_i(z(t))$ dite d'activation détermine le degré d'activation du i^{me} modèle local associé. Elle est donnée par :

$$\mu_i(z(t)) = \frac{\omega_i(z(t))}{\sum\limits_{i=1}^{M} \omega_i(z(t))} \tag{4.28}$$

et satisfait les propriétés suivantes (convexité) :

$$\begin{cases} \sum\limits_{i=1}^{M} \mu_i(z(t)) = 1 \\ 0 \leq \mu_i(z(t)) \leq 1 \end{cases} \tag{4.29}$$

Selon la zone du fonctionnement du modèle global, cette fonction indique la contribution plus ou moins importante du modèle local correspondant. Elle assure un passage progressif de ce modèle aux modèles locaux voisins.

Nous avons défini ici la représentation TS dans le domaine continu sachant que de la même manière un modèle TS dans le domaine discret peut être obtenu. Dans ce présent travail l'approche TS a été utilisée pour représenter le modèle de la dynamique du véhicule et approximer le modèle non linéaire des forces latérales, cette représentation sera détaillée dans les prochains chapitres. Dans la suite de ce chapitre nous décrivons les différentes méthodes d'obtention d'un modèle TS.

4.6.2 Obtention des modèles TS

Afin d'obtenir un modèle TS, on peut citer trois approches largement utilisées dans la littérature, par identification de type boite noire lorsque le système est non linéaire et n'a pas de forme analytique. Par linéarisation du système autour de plusieurs points de fonctionnement lorsqu'on dispose d'un modèle mathématique et par des transformations mathématiques lorsqu'un modèle analytique est disponible [Cha02].

Par identification

Cette méthode est basée sur l'identification des modèles locaux et les fonctions d'activation en utilisant des méthodes d'optimisation numérique de telle sorte à reproduire au mieux le comportement du modèle non-linéaire à représenter. La forme général d'un modèles TS décrivant un système dynamique non linéaire continu dans le temps est donnée par :

$$\dot{x}(t) = \sum_{i=1}^{M} \mu_i(\xi(t)) \left(A_i x(t) + B_i u(t) \right) \tag{4.30}$$

Où $\xi(t) \in \mathbb{R}^q$ est le vecteur des variables de décision et μ_i sont les fonctions d'activation. Elles déterminent le poids d'activation du i^{me} modèle local associé.

Construire un modèle TS par identification consiste à estimer des paramètres des fonctions d'activation et des modèles locaux à partir des entrées/sorties mesurées. Plusieurs méthodes d'optimisation numérique peuvent être utilisées, selon les information disponibles a priori. Elles sont généralement basées sur la minimisation d'une fonction de l'écart entre la sortie estimée du modèle TS $y_m(t)$ et la sortie mesurée du système $y(t)$. Le critère le plus utilisé est le critère de l'écart quadratique suivant :

$$J(\theta) = \frac{1}{N} \sum_{t=1}^{N} \epsilon(t, \theta)^2 = \frac{1}{N} \sum_{t=1}^{N} (y_m(t) - y(t))^2 \tag{4.31}$$

N est l'horizon d'observation et θ est le vecteur de paramètres des modèles locaux et ceux des fonctions d'activation.

Le développement limité du critère $J(\theta)$ autour d'une valeur particulière du vecteur de paramètres θ est souvent utilisé comme méthode de minimisation du critère $J(\theta)$. Si l'on note k l'indice d'itération de la méthode de recherche et $\theta(k)$ la valeur de la solution à l'itération k, la mise à jour de l'estimation s'effectue de la manière suivante :

$$\theta(k+1) = \theta(k) - \eta D(k) \tag{4.32}$$

où η représente un facteur d'ajustement permettant de régler la vitesse de convergence vers la solution et $D(k)$ est la direction de recherche dans l'espace paramétrique.

Selon la façon dont $D(k)$ est calculé, on distingue différentes méthodes d'optimisation numérique dont les principales sont : l'algorithme de Levenberg-Marquardt, l'algorithme du gradient, l'algorithme de Newton et l'algorithme de Gauss-Newton. Ces algorithmes sont décris avec plus de détails dans [Akh04a].

Par secteurs de non-linéarités

Considérons le cas général d'un système continu non linéaire :

$$\begin{cases} \dot{x}(t) = f(x(t), u(t)) \\ y(t) = h(x(t), u(t)) \end{cases} \tag{4.33}$$

Le système (4.33) peut être ré-écrit sous la forme LPV suivante :

$$\begin{cases} \dot{x}(t) = F(x(t), u(t))x(t) + G(x(t), u(t))u(t) \\ y(t) = H(x(t), u(t))x(t) + K(x(t), u(t))u(t) \end{cases} \tag{4.34}$$

où F, G, H et K sont des fonctions non linéaires dépendant de $x(t)$ et $u(t)$ et définies sur des domaines de $x(t)$ et de $u(t)$. D'une manière générale, on nomme la variable de prémisse $\xi(t) = [x(t)^T \ u(t)^T]^T$.

Le système (4.33) devient :

$$\begin{cases} \dot{x}(t) = F(\xi(t))x(t) + G(\xi(t))u(t) \\ y(t) = H(\xi(t))x(t) + K(\xi(t))u(t) \end{cases} \tag{4.35}$$

Soit k le nombre de fonctions non linéaires présentes dans le système (4.33). On les note f_i, $i = 1, ..., k$. Cette méthode est basée sur la bornitude des fonctions continues, nous avons alors :

$$f_i \in [f_{min}^i, f_{max}^i] \quad i = 1, ..., k \tag{4.36}$$

85

Lemme 1. *soit $h(x(t))$ une fonction bornée de $[a, b] \to \mathbb{R}$ pour tout $x \in [a, b]$ avec $(a, b) \in \mathbb{R} \times \mathbb{R}$. Alors $h(x(t))$ peut être écrite sous la forme suivante :*

$$h(x(t)) = M^1(x(t))\alpha + M^2(x(t))\beta \qquad (4.37)$$

avec :

$$\beta = min_x(h(x)), \quad \alpha = max_x(h(x)) \qquad (4.38)$$

et

$$M^1(x(t)) = \frac{h(x(t)) - \beta}{\alpha - \beta}, \quad M^2(x(t)) = \frac{\alpha - h(x(t))}{\alpha - \beta} \qquad (4.39)$$

En utilisant le lemme (1), les non-linéarités f_i peuvent s'écrire de la manière suivante [Mor01] :

$$f_i(\xi(t)) = f_{min}^i M_1^i(\xi(t)) + f_{max}^i M_2^i(\xi(t)) \qquad (4.40)$$

où

$$\begin{cases} M_1^i = \frac{f_{max}^i - f_i(\xi(t))}{f_{max}^i - f_{min}^i} \\ M_2^i = \frac{f_i(\xi(t)) - f_{min}^i}{f_{max}^i - f_{min}^i} \end{cases} \qquad (4.41)$$

Les fonctions d'activation $\mu_i(\xi(t))$, $i = 1, ..., r$ sont obtenues à partir des fonctions M_1^i et M_2^i par :

$$\mu_i = \prod_{j=1}^{k} M_{ij}^j(\xi(t)) \qquad (4.42)$$

Le nombre de sous-modèles r est égal à 2^k.

Par linéarisation

Cette méthode utilise la linéarisation autour de différents points de fonctionnement de la forme analytique du modèle non linéaire du processus physique. Considérons le cas général d'un système continu non linéaire :

$$\begin{cases} \dot{x}(t) = f(x(t), u(t)) \\ y(t) = h(x(t), u(t)) \end{cases} \qquad (4.43)$$

où $(f, h) \in \mathbb{R} \times \mathbb{R}$ sont des fonctions non linéaires continues. Le système non linéaire (4.44) peut être représenté par un modèle TS, composé de plusieurs modèles locaux linéaires ou affines obtenus en linéarisant le système non linéaire autour d'un point de fonctionnement arbitraire $(x_i, u_i) \in \mathbb{R}^n \times \mathbb{R}^m$ [Joh93], [Mur97] :

$$\begin{cases} \dot{x}_m(t) = \sum_{i=1}^{M} \mu_i(\xi(t)) \left(A_i x_m(t) + B_i u(t) + D_i \right) \\ y_m(t) = \sum_{i=1}^{M} \mu_i(\xi(t)) \left(C_i x_m(t) + E_i u(t) + N_i \right) \end{cases} \qquad (4.44)$$

avec : $A_i = \frac{\partial f(x,u)}{\partial x}\big|_{x=x_i,\ u=u_i}$, $\quad B_i = \frac{\partial f(x,u)}{\partial u}\big|_{x=x_i,\ u=u_i}$, $\quad D_i = f(x_i, u_i) - A_i x - B_i u$

$C_i = \frac{\partial h(x,u)}{\partial x}\big|_{x=x_i,\ u=u_i}$, $\quad E_i = \frac{\partial h(x,u)}{\partial u}\big|_{x=x_i,\ u=u_i}$, $\quad N_i = h(x_i, u_i) - C_i x - E_i u$

Notons que dans ce cas, le nombre de modèles locaux (M) dépend de la précision de modélisation souhaitée, de la complexité du système non linéaire et du choix de la structure des fonctions d'activation.

4.7 Observateurs pour les systèmes de type Takagi-Sugeno

Dans cette section, nous présentons quelques principes et résultats concernant la conception d'observateurs pour les systèmes TS. Considérons un système dynamique non linéaire représenté par un modèle TS, décrit par les équations suivantes :

$$\begin{cases} \dot{x}(t) = \sum_{i=1}^{M} \mu_i(\xi(t)) \left(A_i x(t) + B_i u(t)\right) \\ y(t) = C_i x(t) \end{cases} \tag{4.45}$$

où $\mu_i(\xi(t))$ sont les fonctions d'activation des modèles locaux et $\xi(t)$ représente le vecteur de variables de décision qui peuvent dépendre de l'état, des sorties et des entrées.

Afin de construire un observateur pour le système (4.45), une extension de l'observateur de Luenberger pour les systèmes linéaires est souvent utilisée dans la littérature. Il est généralement donné sous la forme suivante :

$$\begin{cases} \dot{\hat{x}}(t) = \sum_{i=1}^{M} \mu_i(\xi(t)) \left(A_i x(t) + B_i u(t) + L_i(y(t) - \hat{y}(t))\right) \\ \hat{y}(t) = C_i \hat{x}(t) \end{cases} \tag{4.46}$$

L'erreur d'estimation donnée par :

$$e(t) = x(t) - \hat{x}(t) \tag{4.47}$$

est alors étudiée afin de déterminer les gains L_i de l'observateur (4.46) qui assure la convergence de l'état estimé vers l'état réel du modèle. Deux cas peuvent se présenter dans l'étude de stabilité de la dynamique de l'erreur d'estimation :

– $1^{er} cas$: Les variables de décision sont mesurables
– $2^{me} cas$: Les variables de décision sont non mesurables

Lorsque les variables de décision ne sont pas mesurables, l'observateur est synthétisé en utilisant les estimés de ces dernières. Cette hypothèse rend plus complexe les conditions de convergence de l'erreur d'estimation.

4.7.1   Variables de décision mesurables

Dans la plupart des travaux effectués sur la conception d'observateurs d'état pour les systèmes TS l'hypothèse des variables de décision mesurables est utilisée. On utilise alors dans la synthèse de l'observateur les mêmes variables de décision que le modèle du système. Cela permet d'obtenir une expression simple de la dynamique de l'erreur en factorisant par les fonctions d'activation [Ich09] [Pat98].

En considérant l'observateur donné par (4.46) pour reconstituer les états du système (4.45), la dynamique de l'erreur d'estimation d'état s'explicite par :

$$\dot{e}(t) = \sum_{i=1}^{M} \mu_i(\xi(t)) \left(A_i - L_i C\right) e(t) \tag{4.48}$$

Afin que l'erreur d'estimation converge vers zéro, les gains L_i doivent être calculés de telle sorte que le système (4.46) soit stable. Les conditions de stabilité de l'observateur (4.46) sont alors données par le théorème suivant :

Théorème 2. *[Pat98] l'observateur (4.46) est asypmtotiquement stable, s'il existe une matrice de Lyapunov symétrique et définie positive P vérifiant les inégalités suivantes :*

$$PA_i + A_i^T P - Y_i C - C^T Y_i^T < 0 \quad i = 1, ..., M \tag{4.49}$$

Les gains de l'observateur sont alors calculés à partir de l'équation :

$$L_i = P^{-1} Y_i \tag{4.50}$$

Ces résultats sont obtenus en utilisant une fonction de Lyapunov quadratique. L'importante propriété de somme convexe des fonctions d'activation a permis l'obtention de conditions suffisantes de stabilité du système (4.48). Les inégalités matricielles ont été linéarisées en utilisant le changement de variable $Y_i = PL_i$.

4.7.2   Présence des incertitudes

Considérons le modèle TS incertain défini par les équations suivantes :

$$\begin{cases} \dot{x}(t) = \displaystyle\sum_{i=1}^{M} \mu_i(\xi(t)) \left((A_i + \Delta A_i(t))x(t) + (B_i + \Delta B_i(t))w(t) + D_i\right) \\ y(t) = Cx(t) \end{cases} \tag{4.51}$$

Où : les matrices $\Delta A_i(t)$ et $\Delta B_i(t)$ sont des matrices inconnues variables de dimension appropriée. Elle représentent les incertitudes paramétriques du modèle supposées bornées.

$$\begin{aligned} \|\Delta A_i(t)\| &\leq \delta_{1i} \\ \|\Delta B_i(t)\| &\leq \delta_{2i} \end{aligned} \tag{4.52}$$

Afin d'estimer les états de ce modèle en présence des incertitudes paramétriques, un observateur TS a été proposé dans [Akh07]. Ce dernier est synthétisé en rajoutant un terme glissant qui compense l'effet des incertitudes sur l'erreur d'estimation. L'observateur s'écrit alors sous la forme suivante :

$$\begin{cases} \dot{\hat{x}}(t) = \displaystyle\sum_{i=1}^{M} \mu_i(\xi(t)) \left(A_i\hat{x}(t) + B_iw(t) + D_i + G_i(y(t) + C\hat{x}(t)) + \alpha_i(t) \right) \\ y(t) = C\hat{x}(t) \end{cases} \qquad (4.53)$$

La synthèse de l'observateur consiste à determiner les gains G_i et les variables $\alpha_i(t)$ qui garantissent la convergence de l'erreur d'estimation vers zéro.

Théorème 3. *[Akh07] L'erreur d'estimation entre l'observateur (4.55) et le modèle TS (4.51) converge asypmtotiquement vers zéro, s'il existe une matrice de Lyapunov symétrique et définie positive P, des matrices W_i et des scalaires positifs β_1, β_2 et β_3 vérifiant les inégalités suivantes $\forall i \in I_M$:*

$$\begin{bmatrix} PA_i + A_i^TP - W_iC - C^TW_i^T + \beta_1(1+\beta_2^{-1})\delta_{1i}I & P \\ P & -(\beta_1^{-1}+\beta_3^{-1})^{-1} \end{bmatrix} < 0 \qquad (4.54)$$

Les termes glissants $\alpha_i(t)$ sont définis en fonction de la valeur de l'erreur de sortie $e_y(t) = Ce(t)$ et donnés par l'équation suivante :

$$\begin{cases} Si \quad e_y(t) \neq 0 \Rightarrow \alpha_i(t) = \frac{1}{2}(\beta_1(1+\beta_2)\delta_{1i}^2\hat{x}^T(t) + \delta_{2i}^2\beta_3\|w(t)\|^2)\frac{P^{-1}C^Te_y(t)}{e_y^T(t)e_y(t)} \\ Si \quad e_y(t) = 0 \Rightarrow \alpha_i(t) = 0. \end{cases} \qquad (4.55)$$

4.7.3 Présence de défauts et des entrées inconnues

Plusieurs travaux ont été réalisés ces dernières années sur l'estimation d'états des systèmes TS en présence des défauts, des perturbations et des entrées inconnues.

Dans [Cha10], un observateur à entrées inconnues a été proposé, le système considéré s'écrit sous la forme suivante :

$$\begin{cases} \dot{x}(t) = \displaystyle\sum_{i=1}^{M} \mu_i(\xi(t)) \left(A_ix(t) + B_iu(t) + R_iv(t) \right) \\ y(t) = Cx(t) + Fv(t) \end{cases} \qquad (4.56)$$

Avec : $x(t) \in \mathbb{R}^n$ est le vecteur d'état du modèle, $u(t) \in \mathbb{R}^m$ représente le vecteur des entrées du système, $v(t) \in \mathbb{R}^q$ est le vecteur des entrées inconnues et $y(t) \in \mathbb{R}^n$ représente le vecteur des sorties mesurées du système. $A_i \in \mathbb{R}^{n\times n}$, $B_i \in \mathbb{R}^{n\times m}$ et $C_i \in \mathbb{R}^{p\times n}$ sont les matrices d'états et

89

de sortie.

L'observateur proposé s'écrit sous la forme suivante :

$$\begin{cases} \dot{z}(t) = \sum_{i=1}^{M} \mu_i(\xi(t)) \left(N_i z(t) + G_{i1} u(t) + L_i y(t)\right) \\ \hat{x}(t) = z(t) - Ey(t) \end{cases} \tag{4.57}$$

Cet observateur suppose uniquement la mesure de l'entrée $u(t)$, de la sortie $y(t)$ et des variables de décision. Les matrices $N_i \in \mathbb{R}^{n \times n}$, $G_{i1} \in \mathbb{R}^{n \times m}$ et $E \in \mathbb{R}^{n \times p}$ sont les gains de l'observateur à déterminer pour assurer la convergence de l'erreur d'estimation vers zéro. Les conditions de convergence de l'observateur (4.57), sont données par le théorème suivant :

Théorème 4. *[Cha10] L'erreur d'estimation entre l'observateur (4.57) et le modèle TS (4.56) converge asypmtotiquement vers zéro, s'il existe une matrice de Lyapunov symétrique et définie positive X, des matrices S et W_i vérifiant les inégalités suivantes $\forall i \in I_M$:*

$$XA_i + A_i^T X + A_i^T C_i^T S^T - W_i C - C^T W_i^T < 0 \tag{4.58}$$

$$(X + SC)R_i = W_i F \tag{4.59}$$

$$SF = 0 \tag{4.60}$$

Les gains de l'observateur sont alors calculés à partir des équations suivantes :

$$E = X^{-1} S \tag{4.61}$$

$$G_{i1} = (I + X^{-1} SC) B_i \tag{4.62}$$

$$N_i = (I + X^{-1} SC) A_i - X^{-1} W_i C \tag{4.63}$$

$$L_i = X^{-1} W_i - N_i E \tag{4.64}$$

L'avantage de ce résultat est la synthèse simultanée des paramètres de l'observateur via des conditions LMI.

Utilisation des systèmes singuliers

Afin d'estimer les défauts et les perturbations en même temps que les états du modèle TS, la technique des système singuliers a été utilisée dans [Mah11]. Considérons le modèle TS affecté par des défauts d'actionneur et de capteur ainsi que d'une perturbation.

$$\begin{cases} \dot{x}(t) = \sum_{i=1}^{M} \mu_i(\xi(t)) \left(A_i x(t) + B_i u(t)\right) + B_d d(t) + B_f f(t) \\ y(t) = Cx(t) + D_f f(t) \end{cases} \tag{4.65}$$

Avec $x(t) \in \mathbb{R}^n$ est le vecteur d'état du modèle, $u(t) \in \mathbb{R}^m$ représente le vecteur des entrées du système, $y(t) \in \mathbb{R}^p$ représente le vecteur des sorties mesurées du système, $f(t) \in \mathbb{R}^s$ est le vecteur des défauts et $d(t) \in \mathbb{R}^{I_d}$ est le vecteur des perturbations.

Un système augmenté composé du vecteur des états et celui des défauts peut être obtenu sous la forme suivante :

$$\begin{cases} \bar{E}\dot{\bar{x}}(t) = \sum_{i=1}^{M} \mu_i(\xi(t)) \left(\bar{A}_i\bar{x}(t) + \bar{B}_iu(t) \right) + \bar{B}_dd(t) + \bar{D}_fx_s(t) + \bar{B}_ff(t) \\ y(t) = \bar{C}^*\bar{x}(t) + x_s(t) \end{cases} \quad (4.66)$$

Où $x_s(t) = D_f f(t)$, $\bar{x}(t) = \begin{pmatrix} x(t) \\ x_s(t) \end{pmatrix}$, $\bar{E} = \begin{pmatrix} I_n & 0 \\ 0(t) & 0_p \end{pmatrix}$, $\bar{A}_i = \begin{pmatrix} A_i & 0 \\ 0(t) & -I_p \end{pmatrix}$, $\bar{B}_i = \begin{pmatrix} B_i \\ 0_p \end{pmatrix}$, $\bar{B}_d = \begin{pmatrix} B_d \\ 0_p \end{pmatrix}$, $\bar{B}_f = \begin{pmatrix} B_f \\ 0_p \end{pmatrix}$, $\bar{D}_f = \begin{pmatrix} 0_n \\ I_p \end{pmatrix}$, $C^* = \begin{pmatrix} C & 0_p \end{pmatrix}$, $\bar{C} = \begin{pmatrix} C & I_p \end{pmatrix}$.

L'observateur TS s'écrit alors comme suit :

$$\begin{cases} E\dot{z}(t) = \sum_{i=1}^{M} \mu_i(\xi(t)) \left(F_iz(t) + \bar{B}_iu(t) \right) \\ \hat{\bar{x}}(t) = z(t) + Ly(t) \\ \hat{y}(t) = C^*\hat{\bar{x}}(t) = C\hat{x}(t) \end{cases} \quad (4.67)$$

Le théorème suivant définit les condition de synthèse de l'observateur (4.67).

Théorème 5. *[Mah11] L'erreur d'estimation entre l'observateur (4.67) et le modèle TS (4.65) converge asypmtotiquement vers zéro, s'il existe deux matrices de Lyapunov symétriques et définies positives P_1 et P_2, des matrices Z_1, Z_2 et V et un scalaire positif γ vérifiant les inégalités suivantes $\forall i \in I_M$:*

$$\Sigma_{i1} = \begin{pmatrix} \Delta_{1i} & \Delta_{2i} & P_1B_d & C^TV^T \\ * & -Z_2 - Z_2^T & -P_2CB_2 & 0 \\ * & * & -\gamma^2I & 0 \\ * & * & * & -I \end{pmatrix} < 0 \quad (4.68)$$

avec :

$$\Delta_{1i} = P_1A_i + A_i^TP_1^T + Z_1C + C^TZ_1^T, \quad (4.69)$$

$$\Delta_{2i} = Z_1 - A_i^TC^TP_2 - C^TZ_2^T. \quad (4.70)$$

Les gains de l'observateur sont alors calculés :

$$R = (P_2^{-1}Z_2 - CP_1^{-1}Z_1)^{-1} \quad (4.71)$$

$$Q = P_1^{-1}Z_1R. \quad (4.72)$$

Ces résultats ont été obtenus en utilisant l'approche H_∞. L'avantage de ce type d'observateur est l'estimation simultanée de d'état et des entrées inconnues. Pour plus de détail sur la preuve du théorème (5) voir [Mah11].

4.7.4 Variables de décision non mesurables

Dans ce cas les variables de décision ne sont pas toutes mesurables, la synthèse de l'observateur est alors effectuée en utilisant les estimées de ces dernières. On note $\hat{\xi}(t)$ les estimées des variables de décision dépendant des variables d'état estimées $\hat{x}(t)$. Ainsi les fonctions d'activation de l'observateur sont différentes de celles du système (4.45). L'observateur TS est alors écrit sous la forme :

$$\begin{cases} \dot{\hat{x}}(t) = \sum_{i=1}^{M} \mu_i(\hat{\xi}(t)) \left(A_i x(t) + B_i u(t) + L_i(y(t) - \hat{y}(t)) \right) \\ \hat{y}(t) = C_i \hat{x}(t) \end{cases} \tag{4.73}$$

Dans ce cas la factorisation des variables de décision dans l'expression de la dynamique de l'erreur d'estimation n'est plus possible. Nous obtenons alors la forme suivante :

$$\dot{e}(t) = \sum_{i=1}^{M} \mu_i(\xi(t)) \left(A_i x(t) + B_i u(t) \right) - \sum_{i=1}^{M} \mu_i(\hat{\xi}(t)) \left(A_i x(t) + B_i u(t) + L_i e(t) \right) \tag{4.74}$$

Que l'on peut réécrire sous la forme :

$$\dot{e}(t) = \sum_{i=1}^{M} \mu_i(\hat{\xi}(t)) \left(A_i - L_i C)e(t) \right) + W \tag{4.75}$$

avec :

$$W = \left(\sum_{i=1}^{M} \mu_i(\xi(t)) - \sum_{i=1}^{M} \mu_i(\hat{\xi}(t)) \right) \left(A_i x(t) + B_i u(t) \right) \tag{4.76}$$

Notons que lorsque $e(t) \to 0$ alors, $W \to 0$. C'est-à-dire, W agit comme une perturbation non structurée qui est censée être croissante bornée :

$$\|W\| \leq \gamma \|e(t)\| \quad avec \ \gamma > 0 \tag{4.77}$$

Les conditions de convergence de l'observateur (4.73) sont donnés par le théorème suivant :

Théorème 6. *[Akh04a] l'erreur d'estimation d'état entre l'observateur (4.73) et le modèle (4.45), converge asymptotiquement vers zéro, s'il existe une matrice de Lyapunov P symetrique et définie positive, des matrices Y_i et un scalaire positif ρ tels que pour $i \in 1,...,M$:*

$$\begin{bmatrix} -PA_i - A_i^T P + Y_i C + C^T Y_i^T - \gamma^2 I & P \\ P & I \end{bmatrix} > 0 \tag{4.78}$$

Les gains de l'observateur sont alors calculés à partir de l'équation :

$$L_i = P^{-1}Y_i \tag{4.79}$$

On peut également citer les travaux de [Ber00] et [Ber01], où les auteurs proposent des conditions de convergence de l'erreur d'estimation d'état de ce type d'observateur vers zéro en s'appuyant sur l'observateur de Thau-Luenberger [Tha73]. Les fonctions d'activation sont alors supposées de nature lipschitziennes.

4.8 Conclusion

Ce chapitre a été consacré à l'état de l'art sur la synthèse d'observateurs pour les systèmes de type TS. Nous avons rappelé dans les premières sections des généralités sur la synthèse d'observateurs et leurs applications dans le monde automobile. Ensuite nous avons introduit la synthèse d'observateurs à entrées inconnues qui seront exploités dans les prochains chapitres pour l'estimation de la dynamique du véhicule et des attributs de la route. Deux méthodes de synthèse de ce genre d'observateurs ont été introduites : les observateur basés sur l'élimination des entrées inconnues et les observateurs discontinus de Walcot et Zak. La première technique a l'avantage d'éliminer complètement l'effet des entrées inconnues mais les conditions de faisabilité de l'observateur ne sont pas toujours réunies. Nous avons introduit ensuite les modèles de Takagi-Sugeno en présentant succinctement trois méthodes pour leur obtention (par identification, par linéarisation des systèmes non linéaires et par secteurs de non-linéarité). La synthèse des observateurs TS a été présentée à la fin de ce chapitre dans deux cas différents selon que les variables de décision sont mesurables ou non mesurables. Dans le premiers cas une factorisation dans l'expression de la dynamique de l'erreur est possible ce qui simplifie son étude et l'obtention des conditions de stabilité en utilisant la propriété de convexité des fonctions d'activation. Cependant lorsque les variable de décision ne sont pas disponibles à la mesure, leur estimées sont utilisées dans la synthèse de l'observateur. Cela se traduit par une expression plus complexe de la dynamique de l'erreur d'estimation. Quelques résultats ont été présentés sur les conditions de convergence de ce type d'observateur mais nous avons vu que très peu de travaux ont été effectués dans ce cas. Dans les prochains chapitres la représentation TS sera utilisée pour la modélisation de la dynamique du véhicule et des observateurs TS seront synthétisés dans différentes situations (Présence des incertitudes, perturbations externes, entrées inconnues,.etc) afin d'estimer les états de la dynamique du véhicule et des attributs de la route.

Bibliographie

[Akh04a] A. Akhenak. "Conception d'observateurs non linéaires par approche multimodèle : application au diagnostic". Thèse de de l'Institut National Polytechnique de Lorraine, France, 2004.

[Akh04b] Akhenak, M. Chadli, J. Ragot, et D. Maquin. "State estimation of uncertain multiple model with unknown inputs". 43rd IEEE Conference on Decision and Control, Atlantic, Bahamas, 2004.

[Akh07] A. Akhenak, M. Chadli, J. Ragot and D. Maquin "Design of a sliding mode fuzzy observer for uncertain Takagi-Sugeno fuzzy model : application to automatic steering of vehicles". Int. J. Vehicle Autonomous Systems, Vol. 5, Nos. 3/4, 2007.

[Aok67] M. Aoki et J. R. Huddle. "Estimation of the state vector of a linear stochastic system with a constrained estimator". IEEE Trans. on Automatic Control, Vol. 12 (4), pp. 432-433, 1967.

[Ber00] P. Bergsten, et R. Palm. "Thau-Luenberger observers for TS fuzzy systems". In 9th IEEE International Conference on Fuzzy Systems, FUZZ IEEE, San Antonio, TX, USA.

[Ber01] P. Bergsten, R. Palm, et D. Driankov. "Fuzzy observers". In IEEE International Fuzzy Systems Conference, Melbourne, Australia, 2001.

[Bor90] P. Borne, G. Dauphin-Tanguy, J. P. Richard, F. Rotella et I. Zambettakis. "Commande et optimisation des processus". Collection méthodes et techniques de l'ingénieur. Editions Technip, Paris, 1990.

[Bor92] P. Borne, G. Dauphin-Tanguy, J. P. Richard, F. Rotella et I. Zambettakis. "Modélisation et identification des processus". tome 1. Editions Technip, Paris, 1992.

[Bor93] G. Bornard, F. Celle, G. Dauphin-Tanguy, G. Gilles, J. Lottin, L. Pronzato, S. Scavarda, D. Thomasset, and E. Walter. "Systèmes non linéaires. 1. modélisation - estimation". chapter Observabilté et observateurs, pages 177-221. Automatique. Masson, 1993.

95

[Bou04] AR. Boukezzoula, S. Galichet, et L. Foulloy. "Observer-based fuzzy adaptive control for a class of nonlinear systems : Real-time implementation for a robot wrist". IEEE Transactions on Control Systems Technology, 12, 2004.

[Bou07] R. Boukezzoula, S. Galichet, et L. Foulloy. "Fuzzy feedback linearizing controller and its equivalence with the fuzzy nonlinear internal model control structure". International Journal of Applied Mathematics and Computer Science, 17, 2007.

[Buc92] J. J. Buckley. "Universal fuzzy controllers". Automatica, 28, 1992.

[Cas95] J. Castro. "Fuzzy logic controllers are universal approximator". IEEE Transactions on Systems Man and Cybernetics-part C, 25 :629-635, 1995.

[Cha02] M. Chadli. "Stabilité et commande de systèmes décrits par des multimodèles". Thèse de doctorat, Institut National Polytechnique de Lorraine, Nancy, France, 2002.

[Cha08] M. Chadli, A. Akhenak, D. Maquin, et J. Ragot. "Fuzzy observer for fault detection and reconstruction of unknown input fuzzy models". International Journal of Modelling, Identification and Control, 3, 2008.

[Cha09] M. Chadli, A. Akhenak, J. Ragot, D. Maquin. "State and Unknown Input Estimation for Discrete Time Multiple Model". Journal of the Franklin Institute, Vol. 346, No. 6, pp. 593-610, 2009.

[Cha10] M. Chadli "An LMI approach to Design Observer for Unknown Inputs Takagi-Sugeno Fuzzy models". Asian Journal of Control, Vol. 12, No. 4, 2010.

[Dar94] M. Darouach, M. Zasadzinski, and S.J. Xu. "Full-Order Observer for Linear Systems with Unknown Inputs". IEEE Trans. on Aut. Control, 39(3) :606-609, 1994.

[Das00] S. K. Dassanake, G. L. Balas et J. Bokor. "Using unknown input observers to detect and isolate sensor faults in a turbofan engine". Digital Avionics Systems Conferences, Vol. 7, pp. 6E51-6E57, 2000.

[Dor86] C. M. Dorling et A. S. I. "Zinober, Two approaches to hyperplane design in multivariable variable structure control systems". International Journal of Control, Vol. 44, pp. 65-82, 1986.

[Die94] E. Dieulessaint et D. Royer. "Systèmes linéaires de commande à signaux échantionnés". Automatique Appliquée, Masson, 1994.

[Imi03] AH. Imine. "Observation d'états d'un véhicule pour l'estimation du profil dans les traces de roulement.". In PhD thesis. Université de Versailles Saint Quentin en Yvelines, 2003.

[Esf89] F. Esfandiari, H.K Khalil. "Observer Based Control of Fully Linearizable Nonlinear Systems". In IEEE Conf. On Decision and Control, pages 84-89, 1989.

[Flo06] T. Floquet and J.P. Barbot. "State and unknown input estimation for linear discrete-time systems". Automatica Vol. 42(11), pp. 1883-1889, 2006.

[Gau81] J.P. Gauthier, G. Bornard. "Observabilty for Any U(T) of a Class of Nonlinear Systems". IEEE Tran. on Automatic control, vol. 26, no. 4, pages 922-926, 1981.

[Gua91] Y. Guan and M. Saif. "A Novel Approach to the Design of Unknown Inputs Observers". IEEE Trans. on Aut. Control, 36(5) :632-635, 1991.

[Had01] A. EL HADRI. "Modélisation de Véhicules, observation d'état et estimation des forces pneumatiques : Application au contrôle longitudinal". Thèse de de l'université Versailles Saint Quentin en Yvelines, France, 2001

[Her77] R. Hermann, A.J. Kerner. "Nonlinear Controllability and Observability". IEEE Transaction on Automatic Control, vol. 22, pages 728-740, 1977.

[Ich09] D. Ichalal. "Estimation et diagnostic de syst'emes non linéaires décrits par un modèle de Takagi-Sugeno". Thèse de de l'Institut National Polytechnique de Lorraine, France, 2009.

[Joh75] C. D. Johnson. "Observers for linear systems with unknown and inaccessible inputs". International Journal of Control, Vol. 21, pp. 825-831, 1975.

[Joh92] T. A. Johansen et A. B. Foss. "Non linear local model representation for adaptive systems". IEEE International Conference on Intelligent control and instrumentation, 2 :677-682, 1992.

[Kal60] R. E. Kalman et J. E. Betram. "Control system analysis and design via the "second method" of Lyapunov -I : Continuous-time system". ASME journal of Basic Engineering, Vol. 82, pp. 371-393, 1960.

[Kau07] S. Kau, H. Lee, C.M. Yang, C.H. Lee, L. Hong, et C.H. Fang. "Robust H_∞ fuzzy static output feedback control of T-S fuzzy systems with parametric uncertainties". Fuzzy sets and systems, 158 :135-146, 2007.

[Len11] Z. Lendek, J. Lauber, T.M. Guerra, R. Babuka, B. De Schutter. "Erratum to : Adaptive observers for T-S fuzzy systems with unknown polynomial inputs". Fuzzy Sets and Systems, Vol. 171(1), pp. 106-107, 2011.

[Liu07] F. LIU. "Synthèse d'observateur à entrées inconnues pour les systèmes non linéaires". Thèse de de l'université de CAEN/BASSE-NORMANDIE, France, 2001.

[Lo03] J. C. Lo et M. L. Lin. "Robust H_∞ nonlinear control via fuzzy static output feedback". IEEE Trans. Circuits Systems Part I, 50, 2003.

[Lue64] D. G. Luenberger. "Observing the state of a linear system". IEEE Trans. Mil. Electron., ME-8, pp. 74, 1964.

[Mah11] M. Bouattour, M. Chadli, M. Chaabane, and A. El Hajjaji "Design of Robust Fault Detection Observer for Takagi-Sugeno Models Using the Descriptor Approach". International
Journal of Control, Automation, and Systems 9(5) :973-979, 2011.

[Mam06] S. Mammar, S. Glaser, and M. Netto. "Vehicle lateral dynamics estimation using
unknown input proportional-integral observers". In American Control Conference. Minesota,
2006.

[Mor01] Y. Morère. "Mise en œuvre de loi de commandes pour les modèles flous de type Takagi-
Sugeno". Thèse de doctorat, Université de Valenciennes et du Hainaut-Cambrésis, Valenciennes, France. 2001.

[Mur97] R. Murray-Smith et T. A. Johansen. "Multiple model approaches to modelling and
control". Taylor and Francis, 1997.

[New70] M. M. Newmann. "Specific optimal control of the linear regulator using a dynamical
controller based on the minimal-order observer". International Journal of Control, Vol. 12,
pp. 33-48, 1970.

[Nic98] S. Nicosia, A. Tornambe. "High-Gain Observers in the State and the Parameter Estimation of Robots Having Elastic Joints". System and Control letters, vol. 13, pages 331-337,
1998.

[Med71] J. S. Meditch et G. H. Hostetter. "Observers for systems with unknown and inaccessible
inputs". International Journal of Control, Vol. 19, pp. 637-640, 1971.

[Ore83] J. O'Reilly. "Observer for linear system". Richard Bellman, Mathematics in Science and
Engineering, Vol. 140, Academic Press, New York, 1983.

[Oud07] M. Oudghiri, M. Chadli, et A. El Hajjaji. "Robust observer-based fault tolerant control
for vehicle lateral dynamics". International Journal of Vehicle Design (IJVD), 2007.

[Oud08] M. Oudghiri "Commande multi-modèles tolérante aux défauts : Application au contrôle
de la dynamique d'un véhicule automobile". Thèse de l'université de picardie Jules Verne,
France, 2008.

[Pat89] R. J. Patton, P.M. Frank, et R.N. Clark. "Fault diagnosis in dynamic systems : theory
and application". International Series in Systems and Control Engineering. Prentice Hall,
Englewood Cliffs, 1989.

[Pat98] R. APatton, J. Chen, et C. Lopez-Toribio. "Fuzzy observers for non-linear dynamic
systems fault diagnosis". In 37th IEEE Conference on Decision and Control, Tampa, Florida
USA.

[Rab05] H. Rabhi. " Estimation de la dynamique du véhicule en interaction avec son environnement". In PhD thesis. Université de Versailles - Saint Quentin en Yvelines, 2005.

[Sen07] C. Sentouh "Analyse du risque et détection de situations limites Application au développement des systèmes d'alerte au conducteur". Thèse de l'université d'Evry Val d'Essonne,
France, 2007.

[Sha00] T. Shaocheng et T. Yiqian. "Analysis and design of fuzzy robust observer for uncertain
nonlinear systems". IEEE International Conference on Fuzzy Systems, 2 :993-996, 2000.

[Slo86] J.J.E. Slotine, J.K. Hedrick, E.A Misawa. "Nonlinear State Estimation using Sliding
Observers. In IEEE Conf". on Decision and Control, Athen, Greece, pages 332-339, 1986.

[Tak85] T. Takagi et M. Sugeno. "Fuzzy identification of systems and its applications to modeling
and control". Conference on Systems, Man and Cybernetics, 15, 1985.

[Tha73] F.E. Thau. "Observing the State of Nonlinear Dynamic Systems". International Journal
of Control, vol. 17, pages 471-479, 1973.

[Utk77] V.I. Utkin. "Sliding mode and their application in variable structure systems". Mir,
1977.

[Utk81] V. I. Utkin. "Principles of identification using sliding regimes". Soviet Trans. on Automatic Control, Vol. 26, pp. 271-272, 1981.

[Val99] M. E. Valcher. "State observers for discrete-time linear systems with unknown inputs".
IEEE, Trans. on Automatic Control, Vol. 44 (2), pp. 397-401, 1999.

[Wal86] B. L. Walcott, M. J. Corless et S. H. Zak. "Obervation of dynamical systems in the
presence of bounded nonlinearitie/uncertainties". IEEE Conference on Decision and Control,
pp. 961-966, 1986.

[Wal88] B. L. Walcott et S. H. Zak. "Combined observer-controller synthesis for uncertain
dynamical systems with applications". IEEE Trans. on Systems, Man and Cybernetics, Vol.
18, pp. 88-104, 1988.

[Wil68] H. F. Williams. "A solution of the multivariable observer for linear time varying discrete
systems". Rec. 2nd Asilomar Conf. Circuit and systems, pp. 124-129, 1968.

[Xio03] AY. Xiong et M. Saif. "Unknown disturbance inputs estimation based on a state func-
tional observer design". Automatica, Vol. 39, pp. 1389-1398, 2003.

[Yan88] F. Yang and R.W.Wilde. "Observers for linear systems with unknown inputs". IEEE
Trans. on Aut. Control, AC-33 :677-681, 1988.

[Zak90] S. H. Zak et B. L. Walcott. "State observation of nonlinear control systems via the method of Lyapunov, Deterministic Control of Uncertain Systems". Edited bu A. S. I. Zinober (London, U. K. : Peter Peregrinus), 1990.

Partie III : Contribution à l'évaluation de la dynamique du véhicule

Chapitre 5

Évaluation de la dynamique du véhicule pour la détection des sorties de route

Sommaire

5.1 Introduction

L'étude présentée dans la première partie sur l'accidentologie a montré l'importance de traiter le problème de la détection des accidents par sorties de route des véhicules. Ces derniers représentent approximativement 30% de l'accidentologie générale en France et provoquent 40% des tués d'après une étude du Centre Européen d'Études de Sécurité et d'Analyse des Risques (CEE-SAR, France) publiée dans [Bar02]. Ceci amène constructeurs, équipementiers et organismes de recherche à développer des systèmes d'aide à la conduite pour éviter ce genre d'accident. L'objectif de ce chapitre est d'apporter des solutions et des techniques qui seront utilisées pour caractériser le risque de sortie de route et détecter les accidents. Les techniques développées sont basées sur l'estimation de la dynamique du véhicule et de la courbure de la route.

Durant cette dernière décennie, différents systèmes ont été proposés avec des niveaux d'assistance allant d'une simple émission d'alerte jusqu'à la correction de trajectoire, en passant par la limitation des actions du conducteur [Bou07][Gla05]. Quelle que soit l'assistance apportée, la première étape consiste en l'évaluation et le calcul d'un indicateur de risque. Par exemple le DLC (distance à sortie de voie) et le TLC (temps à sortie de voie) sont deux indicateurs de risque qui ont été largement étudiés ces dernières années [Gla05][Mam07]. Nous présentons ici une autre approche pour caractériser le risque de sorties de route. Elle se base sur la comparaison de la courbure estimée de la route à celle de la trajectoire suivie par le véhicule.

L'estimation de la dynamique du véhicule et des attributs de la route est d'une très grande importance dans les systèmes d'aide à la conduite. Particulièrement les systèmes de détection des sorties de route nécessitent la connaissance a priori des états de la dynamique latérale du véhicule dont la mesure avec précision est très délicate voir impossible même avec des capteurs coûteux. Dans ce chapitre, la dynamique latérale du véhicule et la courbure de la route sont estimées à partir de synthèse d'observateurs avec entrée inconnu. Les mesures utilisées sont celle disponibles sur les véhicule équipés d'un système ESP. Nous avons également utilisé dans la synthèse des observateurs le déplacement latéral relatif. Ce dernier est donné par une caméra frontale qui détecte la ligne blanche de la voie et mesure le déplacement de l'axe du véhicule par rapport a cette dernière.

Afin de prendre en compte le comportement non linéaire des forces latérales, la représentation floue de type Takagi-Sugeno (TS) est utilisée [Tak85]. Comme nous l'avons vu dans le chapitre 4, de nombreux travaux ont été proposés pour étudier la stabilité, la stabilisation et l'estimation d'état de ce type de représentation [Akh07][Gue06][Haj06]. Les variations paramétriques et les erreurs de modélisation ont été également prises en compte dans le modèle du véhicule en considérant des modèles incertains.

Ce chapitre est organisé comme suit : nous présentons dans la section 2 la représentation TS de la dynamique latérale du véhicule. La section 3 est consacrée à la synthèse d'observateurs de type TS pour l'estimation des états du modèle utilisé. Plusieurs cas sont étudiés dans cette section : fonctions d'activation mesurables, fonctions d'activation non mesurables, présence des incertitudes et présence des perturbations externes. Dans la section 4 de ce chapitre nous présentons la méthode utilisée pour l'estimation de la courbure de la route et la détection des sorties de route. L'algorithme de détection des sorties de route se base sur la comparaison de la courbure de la route et celle de la trajectoire suivie par le véhicule. Il tient compte ensuite de la dynamique du braquage du conducteur, cela permet une anticipation de détection et une réduction des fausses alarmes. Les résultats de simulations sont présentés à travers des manœuvres du véhicule et des scénarios de sortie de route. Ils attestent de la bonne efficacité des méthodes développées tant pour l'estimation de la dynamique du véhicule, de la courbure de la route et la détection des sorties de route.

5.2 Représentation de type TS du modèle de la dynamique latérale du véhicule sur la voie

Le modèle utilisé dans cet article décrit la dynamique latérale du véhicule par rapport à la route suivie. Il est obtenu à partir du modèle bicyclette et des équations issues du mouvement du véhicule par rapport à la voie. Afin de prendre en compte les non-linéarité des forces latérales de contact pneu/sol, une représentation de type TS a été utilisée. Nous décrivons dans cette section les étapes d'obtention du modèle TS de la dynamique latérale du véhicule qui a été utilisé pour la synthèse des observateurs TS.

5.2.1 Représentation de type TS du modèle bicyclette

En virage le modèle bicyclette ou dérive/lacet (figure 3.4) est une représentation largement utilisée pour décrire le comportement de la dynamique latérale du véhicule. Il peut être obtenu en considérant l'hypothèse des petits angles, une vitesse longitudinale constante et en négligeant les mouvements de roulis et de tangage. Considérons le modèle dérive lacet décrit par les équations (3.8).

Les non-linéarités du modèle proviennent essentiellement des forces de contact pneu/sol illustré sur la figure 3.9. Afin de prendre en compte ces non-linéarités et obtenir une représentation TS du modèle dérive/lacet, ces forces peuvent être approximées par des règles floues de type TS comme suit :

$$Si \quad |\alpha_f| \quad est \quad M_1 \quad alors \quad \begin{cases} F_{yf} = C_{f1}\alpha_f \\ F_{yr} = C_{r1}\alpha_r \end{cases}$$

$$Si \quad |\alpha_f| \quad est \quad M_2 \quad alors \quad \begin{cases} F_{yf} = C_{f2}\alpha_f \\ F_{yr} = C_{r2}\alpha_r \end{cases}$$

(5.1)

où C_{fi}, C_{ri} représentent les coefficients de rigidité dépendant du coefficient d'adhérence.

Remarque 1. *Du fait des variations similaire de α_f et α_r, Les règles floues sont conditionnées uniquement par α_f. Cela nous permet de réduire le nombre de fonctions d'activation et de modèles locaux et donc de nombres de paramètre à identifier ainsi que le temps de calcul.*

Quand les angles de glissement des roues sont faibles, le modèle linéaire fonctionne parfaitement. Cependant dès que ces derniers dépassent approximativement *6 degrés*, le modèle non linéaire n'est plus utilisable (Fig. 5.1). Contrairement au modèle linéaire, la représentation TS tient compte du comportement non linéaire des forces latérales décrites dans le chapitre 3. Cela nous permet donc de considérer des valeurs plus élevées des angles de dérives et ainsi simuler des situations avec des braquage plus importants.

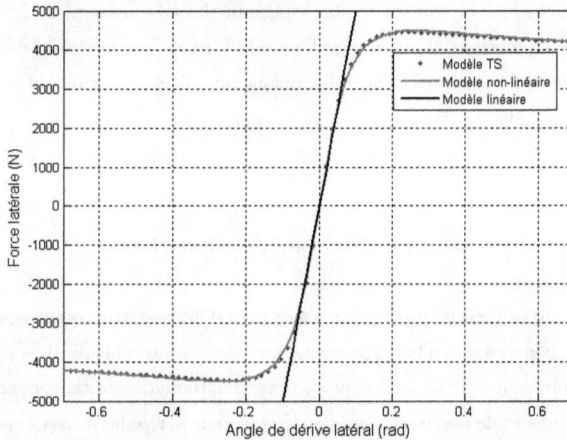

FIGURE 5.1 – Estimation des forces latérales par un modèle TS

En considérant les règles floues décrites par les équations (5.1), les forces latérales F_{yf} et F_{yr}

peuvent être écrites sous la forme suivante :

$$\begin{cases} F_{yf} = \mu_1(|\alpha_f|)c_{f1}\alpha_f + \mu_2(|\alpha_f|)c_{f2}\alpha_f \\ \\ F_{yr} = \mu_1(|\alpha_f|)c_{r1}\alpha_r + \mu_2(|\alpha_f|)c_{r2}\alpha_r \end{cases} \tag{5.2}$$

avec μ_j $(j = 1, 2)$ sont les fonctions d'appartenance relatives à l'ensemble flou M_j. Elles satisfont les propriétés suivantes :

$$\begin{cases} \sum_{i=1}^{2} \mu_i(|\alpha_f|) = 1 \\ 0 \leq \mu_i(|\alpha_f|) \leq 1 \qquad \forall i = 1, 2 \end{cases} \tag{5.3}$$

et sont données par :

$$\mu_i(|\alpha_f|) = \frac{\omega_i(|\alpha_f|)}{\sum_{i=1}^{2} \omega_i(|\alpha_f|)}, \quad i = 1, 2.$$

$$\tag{5.4}$$

$$avec: \qquad \omega_i(|\alpha_f|) = \frac{1}{\left(1 + \left|\left(\frac{|\alpha_f| - c_i}{a_i}\right)\right|\right)^{2b_i}}$$

Afin de déterminer tous les paramètres du modèles TS, nous utilisons une méthode d'identi-

TABLE 5.1 – Les valeurs nominales des paramètres du véhicule

Paramètre	Notation	Valeur	Unité
masse du véhiule	m	1952	$[kg]$
Vitesse du véhicule	v	$48.5 < v < 52.5$	$[km/h]$
Moment d'inertie autour de l'axe z	J_{zz}	2488	$[kgm^2]$
Distance de l'axe avant au CG	l_f	1.18	$[m]$
Distance de l'axe arrière au CG	l_r	1.77	$[m]$

fication. L'objectif est d'optimiser les paramètres des modèles locaux C_{fi}, C_{ri} et les fonctions d'activation $\mu_i(|\alpha_f|)$. Les paramètres a_i, b_i et c_i ainsi que les coefficients de rigidité C_{fi}, C_{ri} sont déterminés en utilisant un algorithme d'optimisation tel que celui de Levenberg-Marquadt combiné avec les moindres carrés [Haj06]. L'algorithme minimise l'écart quadratique entre les expressions non linéaires des forces latérales données par le modèle de Pacejka (3.19) et les forces estimées (5.2). Ces paramètre sont identifiés pour un coefficient d'adhérence $\sigma = 0.7$ et les paramètres du véhicule donnés dans le tableau 5.1, nous avons obtenu les valeurs numériques données par le tableau 5.2. La figure 5.1 montre l'estimation des forces de contact latérales en utilisant

TABLE 5.2 – Coefficients de rigidité et paramètres des fonctions d'activation

a_1	a_2	b_1	b_2	c_1	c_2	C_{f1}	C_{f2}	C_{r1}	C_{r2}
0.089	4.744	0.677	27.827	0.022	4.727	60712	1578	60088	1458

les résultats obtenus comparés aux modèles linéaire et non-linéaire. Ces résultats montrent une bonne efficacité des aproximation TS à reproduire les non-linéarité dans tous les domaines de fonctionnement.

En remplaçant les forces F_{yf} et F_{yr} par leurs expressions dans les équations (5.2) et en prenant comme vecteur d'état du système $(\beta,\dot{\psi})$, comme entrée de commande l'angle de braquage δ, le modèle flou TS s'écrit :

$$
\begin{pmatrix} \dot{\beta}(t) \\ \ddot{\psi}(t) \end{pmatrix} = \sum_{i=1}^{2} \mu_i(|\alpha_f|) \left(\begin{pmatrix} a_{11i} & a_{12i} \\ a_{21i} & a_{22i} \end{pmatrix} \begin{pmatrix} \beta(t) \\ \dot{\psi}(t) \end{pmatrix} + \begin{pmatrix} b_{1i} \\ b_{2i} \end{pmatrix} \delta_f(t) \right)
\tag{5.5}
$$

avec :

$$
a_{11i} = -2\frac{C_{ri}+C_{fi}}{mv}, \qquad a_{12i} = -1 - 2\frac{l_f C_{fi} - l_r C_{ri}}{mv^2}
$$

$$
a_{21i} = -2\frac{l_f C_{fi} - l_r C_{ri}}{J_{zz}}, \qquad a_{22i} = -2\frac{l_f^2 C_{fi} + l_r^2 C_{ri}}{J_{zz}v}
\tag{5.6}
$$

$$
b_{1i} = 2\frac{C_{fi}}{mv}, \qquad b_{2i} = 2\frac{l_f C_{fi}}{J_{zz}}
$$

Nous obtenons ainsi une représentation TS du modèle derive/lacet qui tient compte des non linéarité des forces latérales. Dans la suite de cette section, nous continuons à construire le modèle en intégrant les équations du mouvement du véhicule par rapport à la voie.

5.2.2 Modèle de la dynamique latérale du véhicule lié à la voie

Grâce au système de vision constitué d'une caméra frontale détectant les lignes blanches de la voie (figure 5.2), il est possible d'écrire les équations mathématiques décrivant la position du véhicule par rapport à la voie de circulation.

Afin que le véhicule reste sur la voie de circulation, le conducteur doit agir constamment pour réduire les erreurs vis-à-vis de la trajectoire qu'il désire suivre. Cela se traduit par deux variables particulièrement essentielles : l'écart latéral entre le centre de gravité du véhicule et le centre de

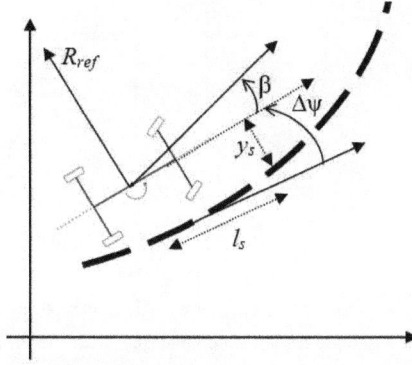

FIGURE 5.2 – Le véhicule dans le repère lié à la route

la voie et l'angle de lacet relatif. Nous définissons ici ces variables et les équations qui régissent leurs dynamiques, ces équations seront ensuite intégrées dans le modèle présenté dans la section précédente.

Le déplacement latéral du véhicule par rapport à la bordure de la voie y_s est mesuré à une distance l_s du centre de gravité du véhicule (figure 5.2). Sa dynamique peut s'écrire comme suit [Nic08] [Mam00] :

$$\dot{y}_s = v(\beta + \Delta\psi) + l_s\Delta\dot{\psi} \tag{5.7}$$

$\Delta\psi$ étant l'angle de lacet relatif donné par l'équation suivante :

$$\Delta\dot{\psi} = \dot{\psi} - \frac{v}{R_c} = \dot{\psi} - vw \tag{5.8}$$

avec $w = \frac{1}{R_c}$ est la courbure de la route de rayon R_c.

En intégrant les équations (5.7) et (5.8) dans le modèle (5.5), le modèle complet s'écrit :

$$\begin{pmatrix} \dot{\beta} \\ \ddot{\psi} \\ \dot{y}_s \\ \Delta\dot{\psi} \end{pmatrix} = \sum_{i=1}^{2} \mu_i(|\alpha_f|) \left[\begin{pmatrix} a_{11i} & a_{12i} & 0 & 0 \\ a_{21i} & a_{22i} & 0 & 0 \\ v & l_s & 0 & v \\ 0 & 1 & 0 & 0 \end{pmatrix} \begin{pmatrix} \beta \\ \dot{\psi} \\ y_s \\ \Delta\psi \end{pmatrix} + \begin{pmatrix} b_{1i} \\ b_{2i} \\ 0 \\ 0 \end{pmatrix} \delta_f \right] + \begin{pmatrix} 0 \\ 0 \\ -l_s v \\ -v \end{pmatrix} w \tag{5.9}$$

En notant $x = [\beta \ \ \dot{\psi} \ \ y_s \ \ \Delta\psi]^T$ et

109

$$A_i = \begin{bmatrix} a_{11i} & a_{12i} & 0 & 0 \\ a_{21i} & a_{22i} & 0 & 0 \\ v & l_s & 0 & v \\ 0 & 1 & 0 & 0 \end{bmatrix}, \ B_i = \begin{bmatrix} b_{1i} \\ b_{2i} \\ 0 \\ 0 \end{bmatrix}, \ B_w = \begin{bmatrix} 0 \\ 0 \\ -l_s v \\ -v \end{bmatrix},$$

Le système (5.9) devient :

$$\dot{x}(t) = \sum_{i=1}^{2} \mu_i(|\alpha_f|)\big(A_i x(t) + B_i \delta_f\big) + B_w w(t) \tag{5.10}$$

Ce modèle sera utilisé dans les prochaines sections pour la synthèse des observateurs à entrées inconnues pour estimer la dynamique du véhicule ainsi que la courbure de la route qui est non mesurable.

Prise en compte des perturbations externes

Afin d'obtenir une robustesse vis à vis des perturbations dans l'estimation de la dynamique du véhicule, il est possible de prendre en compte les forces du vent dans le modèle du véhicule. Nous considérons alors des forces extérieurs représentées par un vecteur f_w qui agit à une distance l_w du centre de gravité du véhicule. Sous ces conditions le modèle derive/lacet du véhicule devient :

$$\begin{cases} m(\dot{v}_y + \dot{\psi}v) = 2F_{yf} + 2F_{yr} + f_w \\ J_{zz}\ddot{\psi} = 2F_{yf}l_f - 2F_{yr}l_r + l_w f_w \end{cases} \tag{5.11}$$

De la même manière que dans la section précédente, une représentation TS de ce modèle peut être obtenue en remplaçant les forces latérales F_{yf} et F_{yr} par leurs expressions dans les équations (5.11). En intégrant les équations (5.7) et (5.8) du mouvement du véhicule par rapport à la voie Le modèle TS de la dynamique du véhicule en présence de perturbations externes est décrit par l'équation suivante :

$$\dot{x}(t) = \sum_{i=1}^{2} \mu_i(|\alpha_f|)\big(A_i x(t) + B_i \delta_f\big) + B_w w(t) + B_f f_w(t) \tag{5.12}$$

avec : $B_f = \begin{bmatrix} \frac{1}{mv} & \frac{l_w}{J_{zz}} & 0 & 0 \end{bmatrix}^T$

Prise en compte des incertitudes

Le modèles (5.12) est valide pour des paramètres constants. Afin de tenir compte des variations de l'adhérence, de la vitesse, de la masse du véhicule et des erreurs de modélisation, des incertitudes sont rajoutées dans la matrice d'état du modèle. Le modèle TS incertain de la dynamique latérale du véhicule par rapport à la voie est alors décrit par :

$$\dot{x}(t) = \sum_{i=1}^{2} \mu_i(|\alpha_f|) \left((A_i + \Delta A_i)x(t) + (B_i + \Delta B_i)u(t) \right) + B_w w(t) \tag{5.13}$$

Les incertitudes $\Delta A_i(t)$ et $\Delta B_i(t)$ sont des incertitudes non structurées supposées bornées :

$$\|\Delta A_i\| < \rho_i, \quad \|\Delta B_i\| < \nu_i \tag{5.14}$$

avec ρ_i et ν_i des scalaires positifs.

Un modèle TS incertain de la dynamique latérale du véhicule par rapport à la voie avec perturbation externe peut également être considéré :

$$\dot{x}(t) = \sum_{i=1}^{2} \mu_i(|\alpha_f|) \left((A_i + \Delta A_i)x(t) + (B_i + \Delta B_i)u(t) \right) + B_w w(t) + B_f f_w(t) \tag{5.15}$$

Dans la suite de ce chapitre, nous présentons les observateurs développés pour l'estimation de la dynamique du véhicule et de la courbure de la route. Ces résultats seront ensuite utilisés pour caractériser les risques de sortie de route des véhicules.

5.3 Synthèse d'observateurs TS pour l'estimation de la dynamique du véhicule

Cette section présente les observateurs développés pour reconstruire les états du modèle qui décrit la dynamique du véhicule à partir des mesures disponible. La courbure de la route est considérée comme une entrée inconnue qui sera ensuite estimée à partir des états reconstruits. L'objectif étant d'utiliser ces résultat pour la détection des sorties de route, La structure de l'ensemble modèle-observateur-estimateur est donnée par la figure 5.3.

Dans un premier temps nous avons supposé des variables de décision mesurables, dans notre cas cela revient à admettre l'existante d'un capteur pour les angles de dérive ou d'un estimateur indépendant. Nous avons ensuite développer des observateurs TS avec variables de décision non mesurables.

5.3.1 Cas de variables de décision mesurables

L'objectif de cette section est de présenter les résultats de synthèse des observateurs développés dans le cas de variables de décision mesurables. Deux observateurs TS ont été proposé

111

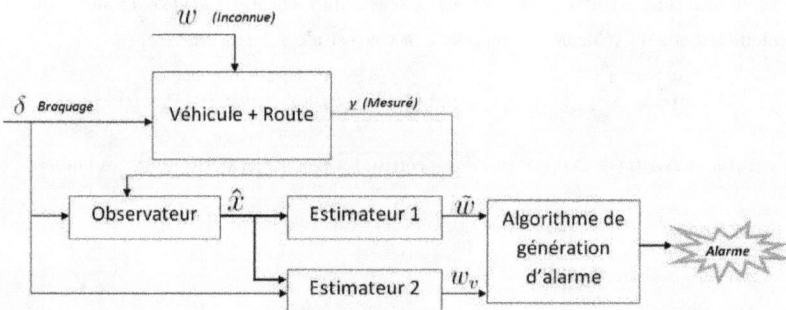

FIGURE 5.3 – Estimation de la dynamique du véhicule et de la courbure de la route pour la détection des sorties de route

afin d'estimer les variables de la dynamique latérale du véhicule en présence de la courbure de la route considérée comme une entrée inconnue. Le premier est développé pour un modèle certain en utilisant l'approche H_∞ avec placement de pôles. Le deuxième observateur est une extension de l'observateur à entrées inconnues de Walcott et Zak présenté dans le chapitre 4 pour un modèle TS incertain. Les conditions de synthèse sont données sous le formalisme LMI (Inégalités matricielles Linéaires).

Synthèse d'un observateur TS pour un modèle certain à entrées inconnues

Dans ce cas nous considérons la représentation TS du modèle de la dynamique latérale du véhicule sans prise en compte des incertitude. L'objectif étant d'estimer les états du modèle en présence de la courbure de la route considérée comme une entrée inconnue. Les mesures supposées disponibles sont celles de l'angle de braquage et le déplacement latéral du véhicule par rapport au centre de la voie fournie par un système de vision.

Considérons le modèle de la dynamique latérale du véhicule dans sa voie donné par l'équation (5.10). L'observateur proposé est de la forme suivante :

$$\begin{cases} \hat{x}(t) = \sum_{i=1}^{2} \mu_i(|\alpha_f|)\big(A_i\hat{x}(t) + B_i u(t)\big) + L_i(y(t) - \hat{y}(t)) \\ \hat{y}(t) = C\hat{x}(t) \end{cases} \tag{5.16}$$

avec $C = [0 \ \ 0 \ \ 1 \ \ 0]$ Où $\hat{x}(t)$ est le vecteur d'état reconstruit, $\hat{y}(t)$ est la sortie de mesure qui représente dans notre cas le déplacement latéral du véhicule par rapport au centre de la voie. L_i sont les gains de l'observateur à déterminer. La synthèse de l'observateur consiste à déterminer les gains L_i qui assurent la convergence vers zéro de l'erreur d'estimation donnée par :

$$e(t) = x(t) - \hat{x}(t) \tag{5.17}$$

Dans ces conditions la dynamique de l'erreur est donnée par :

$$\dot{e}(t) = \sum_{i=1}^{2} \mu_i(|\alpha_f|)\big((A_i - L_iC)e(t) + B_w w(t)\big) \tag{5.18}$$

Afin d'estimer correctement l'état du système en présence de la courbure de la route qui agit comme une entrée inconnue sur le modèle, l'observateur TS est synthétisé en utilisant l'approche H_∞. Un placement de pôles est également considéré afin de garantir une rapidité de convergence et d'améliorer les performances de l'observateur. Les gains L_i doivent alors garantir les conditions suivantes :

- L'erreur d'estimation $e(t) = x(t) - \hat{x}(t)$ vérifie les conditions d'atténuation H_∞ suivantes :

$$sup\frac{\|e\|_2}{\|w\|_2} < \gamma, \quad \|w\|_2^2 = \int_0^\infty w^T(t)w(t)dt \neq 0 \tag{5.19}$$

pour des conditions initiales nulles, où $\gamma > 0$ est le niveau d'atténuation H_∞ entre $w(t)$ et $e(t)$.

- Les pôles de l'observateur doivent être placés dans une région désirée du plan complexe de telle sorte à avoir une rapidité de convergence de l'erreur d'estimation vers zéro.

Remarque 2. *Le rejet de perturbations de la courbure de la route sur l'erreur d'estimation en utilisant l'approche H_∞ exige que la courbure de la route $w(t)$ soit bornée. Cette hypothèse est satisfaite du fait de la nature de la route dont le rayon de courbure ne peut pas tendre vers une valeur nulle.*

Notre objectif est de déterminer les gains L_i de l'observateur (5.16) afin d'assurer la convergence asymptotique de l'erreur d'estimation et d'atténuer le gain du transfert entre $w(t)$ et l'erreur sur l'estimation d'état $e(t)$. Nous proposons alors le théorème suivant qui donne les conditions de stabilité de l'observateur avec les contraintes désirées.

Théorème 7. *[Dah09][Dah10a] l'observateur (5.16) est asympmtotiquement stable et l'erreur d'estimation $e(t) = x(t) - \hat{x}(t)$ vérifie les conditions d'atténuation H_∞ donnée par (5.19), s'il existe une matrice de Lyapunov symétrique et définie positive P, des M_i et un scalaire positif γ, telle que les LMI suivantes sont vérifiées pour tout $i = 1,...,r$:*

$$\begin{bmatrix} A_i^T P + PA_i - M_iC - C^T M_i^T + I & PB_w \\ PB_w^T & -\gamma I \end{bmatrix} < 0 \tag{5.20}$$

de plus, les pôles des matrices $(A_i - L_iC)$ sont placés dans une région LMI définie par un disque de centre $(-q, 0)$ et de rayon R si les inégalités suivantes sont également vérifiées :

$$\begin{bmatrix} -RP & qP + (A_i - L_iC)P \\ qP + P(A_i - L_iC)^T & -RP \end{bmatrix} < 0 \tag{5.21}$$

Les gains de l'observateurs sont alors définies par : $L_i = P^{-1}M_i$

Remarque 3. *Les conditions de convergence de l'observateur décrit par (5.16) sans l'approche H_∞ sont données par l'inégalité matricielle suivante :*

$$\begin{bmatrix} A_i^T P + PA_i - M_iC - C^TM_i^T \end{bmatrix} < 0 \tag{5.22}$$

Résultats de simulations

Dans cette section nous présentons les résultats de simulation pour tester l'efficacité de l'observateur à reconstruire les états de la dynamique latérale du véhicule en présence de l'entrée inconnue. Nous avons pris un exemple de route en double virage (figure 5.4). Les hypothèses suivantes sont considérées :

Hypothèse 5.1. *chaque virage est à courbure constante.*

Hypothèse 5.2. *La courbure de la route est nulle pour une ligne droite.*

Hypothèse 5.3. *Le véhicule roule à une vitesse constante ou à faibles variations.*

Sous les hypothèses 5.1, 5.2 et 5.3, le double virage considéré peut être représenté par un signal donnant la courbure instantanée de la route (première courbe de la figure 5.8). Ce signal est pris comme une entrée inconnue dans le modèle et sera reconstitué à partir des résultats de l'observateur. Les résultats et figures données ci-dessous illustrent une comparaison des résultats obtenus avec et sans l'approche H_∞ et placement de pôles.

a)Les conditions de synthèse (5.22) sont solubles et donnent :

$$P = \begin{bmatrix} 12.0123 & 3.0378 & -2.3543 & 4.5119 \\ 3.0378 & 2.6579 & -0.3094 & 3.4251 \\ -2.3543 & -0.3094 & 13.7707 & -1.5253 \\ 4.5119 & 3.4251 & -1.5253 & 4.6354 \end{bmatrix}, \quad \begin{matrix} L_1 = \begin{bmatrix} -26.85 & -926.40 & 67.54 & 789.00 \end{bmatrix} \\ L_2 = \begin{bmatrix} -27.88 & -940.10 & 68.32 & 800.39 \end{bmatrix} \end{matrix}$$

b) Pour un taux d'atténuation $\gamma = 0.18$ et un placement de pôles dans un disque de rayon $R = 200$ et de centre $(-100, 0)$, les conditions de synthèse (5.20) et (5.21) sont solubles et

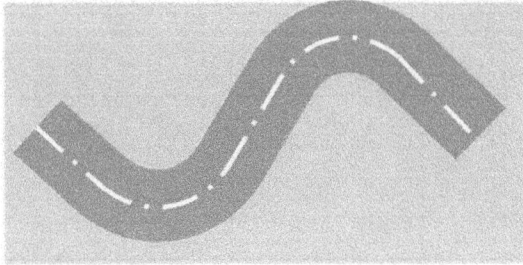

FIGURE 5.4 – Route en double virage

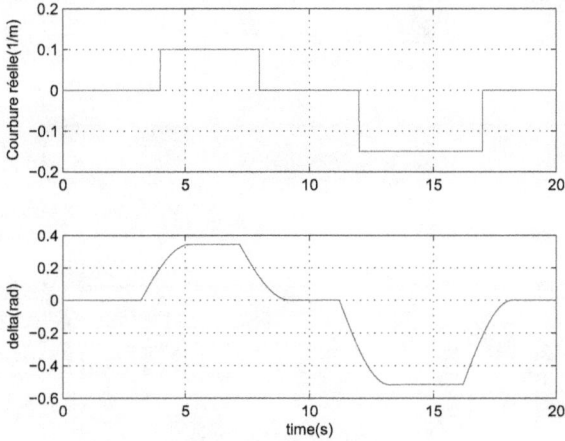

FIGURE 5.5 – L'angle de braquage du conducteur et la courbure de la route considérée

donnent :

$$
P = \begin{bmatrix} 3.0959 & 0.0309 & -0.0001 & 0.0001 \\ 0.0309 & 0.3162 & -0.0001 & 0.0001 \\ -0.0001 & -0.0001 & 0.0021 & 0.0002 \\ 0.0001 & 0.0001 & -0.0002 & 0.0001 \end{bmatrix}, \quad \begin{matrix} L_1 = 10^3 \begin{bmatrix} -0.001 & -0.001 & 0.2976 & 1.7919 \end{bmatrix} \\ L_2 = 10^3 \begin{bmatrix} -0.001 & -0.001 & 0.3001 & 1.8091 \end{bmatrix} \end{matrix}
$$

L'entrée du système étant l'angle de braquage représenté par la deuxième courbe de la figure (5.8). Ce dernier est donc déterminé arbitrairement pour servir d'entrée, le suivie de trajectoire

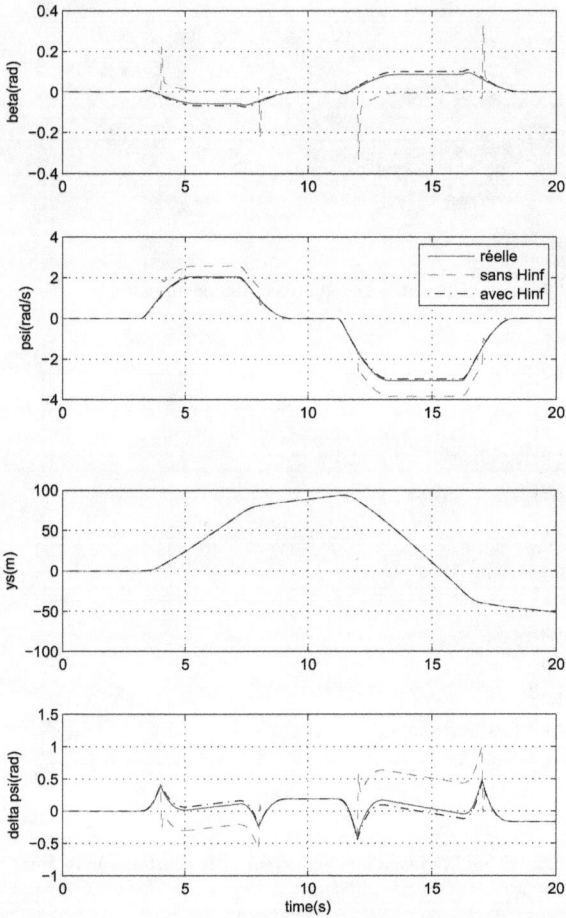

FIGURE 5.6 – Comparaison des estimations avec et sans l'approche H_∞

n'est donc pas garanti. L'objectif étant uniquement de tester les observateurs développés.

Sur la figure (5.6) sont représentées les variables d'état du modèle comparées à leurs estimées issues de l'observateur. La figure montre que lorsque l'entrée inconnue est nulle ($t < 4s$ et $t > 17s$)

les deux observateurs, avec H_∞ et sans H_∞, donnent une bonne estimation des états du système. Cependant lorsque l'entrée inconnue agit sur le modèle, uniquement l'observateur avec H_∞ arrive à estimer les états du système avec une erreur d'estimation proche de zéro.

Synthèse d'un observateur TS pour un modèle incertain à entrées inconnues

Cette section aborde la synthèse d'un observateur d'état complet pour reconstruire les états du modèle incertain et perturbé décrit par l'équation (5.15). Les incertitude considérées sont des incertitudes non structurées qui peuvent provenir des variation des paramètre du modèle (vitesse, masse, adhérence, etc.). Les perturbations externes sont également prise en compte dans ce résultat.

Considérons le modèle TS de la dynamique latérale du véhicule dans sa voie donné par l'équation (5.15). La méthode développée combine l'approche H_∞ et un terme discontinu qui sera déterminer de telle sorte à compenser les incertitudes. L'observateur proposé s'écrit alors sous la forme suivante :

$$\begin{cases} \dot{\widehat{x}}(t) = \sum_{i=1}^{2} \mu_i(|\alpha_f|)\big(A_i\widehat{x}(t) + B_iu(t) + L_i(y(t) - C\widehat{x}(t)) + \eta_i(t)\big) \\ \widehat{y}(t) = C\widehat{x}(t) \end{cases} \tag{5.23}$$

La synthèse de l'observateur consiste à déterminer les paramètres $\eta_i(t)$ et L_i qui assurent la convergence de l'erreur d'estimation vers zéro et minimisent les effets des perturbations et des incertitudes considérées.

Définissons l'erreur d'estimation de sortie :

$$r(t) = y(t) - \widehat{y}(t) = C(x(t) - \widehat{x}(t)) = Ce(t) \tag{5.24}$$

La dynamique de l'erreur est donnée par :

$$\dot{e}(t) = \sum_{i=1}^{2} \mu_i(|\alpha_f|)((\overline{A_i})e(t) + \Delta A_i x(t) + \overline{B}_w \overline{w}(t) - \eta_i(t)) \tag{5.25}$$

Où : $\overline{A_i} = A_i - L_iC$, $\overline{B}_w = [B_w \ B_f \ I]$, $\overline{w}(t) = [w(t) \ f(t) \ b(t)]^T$ et $b(t) = \sum_{i=1}^{2} \mu_i\Delta B_i^T\delta(t)$

Afin d'estimer correctement les état du système en présence du terme inconnu $\overline{w}(t)$ et des incertitudes du modèle, les gains de l'observateur L_i et les variables $\eta_i(t)$ doivent garantir les conditions suivantes :

117

– Assurer la convergence asymptotique de l'erreur d'estimation en présence des incertitudes
– guarrantir que l'erreur d'estimation $e(t) = x(t) - \hat{x}(t)$ vérifie

$$sup \frac{\|e(t)\|_2}{\|\overline{w}(t)\|_2} < \gamma, \qquad \|\overline{w}(t)\|_2^2 = \int_0^\infty \overline{w}(t)^T \overline{w}(t)dt \neq 0 \tag{5.26}$$

pour des conditions initiales nulles, où $\gamma > 0$ est le niveau d'atténuation H_∞ entre $\overline{w}(t)$ et $e(t)$.

Notre objectif est donc de déterminer les valeurs des termes $\eta_i(t)$ et des gains L_i de l'observateur (5.23) afin d'assurer la convergence asymptotique de l'erreur d'estimation et d'atténuer l'effet des incertitudes et des perturbations $\overline{w}(t)$ sur l'erreur $e(t)$. Les conditions de synthèse de l'observateur sont données par le théorème suivant :

Théorème 8. *[Dah10b] [Dah10c] L'erreur d'estimation d'état de l'observateur (5.23) converge asymtotiquement vers zéro et satisfait le critère d'atténuation H_∞ suivant :*

$$J_{e\overline{w}} = \int_0^\infty (e(t)^T e(t) - \gamma^2 \overline{w}(t)^T \overline{w}(t))dt < 0, \tag{5.27}$$

s'il existe une matrice symétrique définie positive X, des matrices N_i et des scalaires positifs β_0 et β_1 vérifiant les LMI suivantes pour $i = 1, 2$:

$$\begin{bmatrix} \Omega_i & X\overline{B}_w & X \\ \overline{B}_w^T X & -\gamma^2 I & 0 \\ X & 0 & -\beta_1 I \end{bmatrix} < 0 \tag{5.28}$$

avec $\Omega_i = A_i^T X + X A_i + N_i C + C^T N_i^T + \beta_0 \rho_i^2 I$. Les gains de l'observateur sont definis par :

$$L_i = X^{-1} N_i \tag{5.29}$$

$$\begin{cases} \eta_i(t) = 0 & si \ r = 0 \\ \\ \eta_i(t) = (\frac{\beta_1^2}{\beta_1 - \beta_0})\rho_i^2 \frac{\hat{x}(t)^T \hat{x}(t)}{2r(t)^T r(t)} X^{-1} C^T r(t) & si \ non \end{cases} \tag{5.30}$$

Preuve : voir annexes

Cet observateur présente l'avantage de prendre en compte les incertitudes paramétriques. Néanmoins l'hypothèse des variables de décision mesurables est une contrainte très gênante du fait de l'indisponibilité des capteurs des angles de dérives. Dans la suite de cette section, nous présentons quelques résultats de synthèse d'observateurs TS avec des variables de décision non mesurables.

5.3.2 Cas de variables de décision non mesurables

Dans ce cas, les variables de décision sont supposées non disponible à la mesure. Ces dernière sont donc également reconstruites en même temps que les états du système. Nous présentons ici les résultats de synthèse des observateurs à entrées inconnues avec et sans incertitudes paramétriques.

Synthèse d'un observateur TS avec variables de décision non mesurables pour un modèle certain

Considérons la représentation TS de la dynamique latérale du véhicule sans incertitudes paramétriques donnée par l'équation (5.10). L'observateur proposé est de la forme suivante :

$$\begin{cases} \dot{\hat{x}}(t) = \sum_{i=1}^{2} \mu_i(|\hat{\alpha_f}|)\left(A_i\hat{x}(t) + B_i\delta_f(t) + L_i(y(t) - \hat{y}(t))\right) + \eta(t) \\ \hat{y}(t) = C\hat{x}(t) \end{cases} \tag{5.31}$$

Dans ce cas les fonctions d'activation de l'observateur et celles du modèle ne sont plus les même et ne peuvent donc pas être factorisées dans l'expression de la dynamique de l'erreur. La variables $\eta(t)$ est rajoutée dans ce cas pour compenser les erreurs d'estimation relative à l'estimation des fonctions d'activation.

Définissons l'erreur d'estimation de sortie :

$$e_y = y - \hat{y} = C(x - \hat{x}) = Ce \tag{5.32}$$

La dynamique de l'erreur d'estimation s'écrit alors sous la forme :

$$\dot{e} = \sum_{i=1}^{2} \mu_i(|\hat{\alpha_f}|)(A_i - L_iC)e + \Delta Ax + \Delta B\delta_f + B_ww - \eta \tag{5.33}$$

avec
$$\Delta A = \sum_{i=1}^{2} \bar{\mu}_i A_i, \quad \Delta B = \sum_{i=1}^{2} \bar{\mu}_i B_i, \quad \bar{\mu}_i = \mu_i(|\alpha_f|) - \mu_i(|\hat{\alpha_f}|)$$

qui peut être réécrite sous la forme :

$$\dot{e} = \sum_{i=1}^{2} \mu_i(|\hat{\alpha_f}|)(A_i - L_iC)e + \Delta Ax + B_WW - \eta \tag{5.34}$$

avec $B_W = \begin{bmatrix} B_w & I \end{bmatrix}$ $W = \begin{bmatrix} w & b \end{bmatrix}^T$ et $b = \Delta B^T\delta_f$

119

Remarque 4. *La propriété de convexité des fonctions d'activation permet d'écrire la propriété suivante :*

$$-1 \leq \bar{\mu}_i \leq 1 \tag{5.35}$$

Cela signifie que les matrices ΔA et ΔB sont bornées et la propriété suivante est vérifiée :

$$\|\Delta A\| \leq \lambda \quad , \quad \lambda = \sum_{i=1}^{2} \lambda_i \tag{5.36}$$

où $\lambda_i > 0$ est la norme de la matrice A_i.

La synthèse de l'observateur a été effectuée en minimisant l'effet du terme inconnue W sur l'erreur d'estimation. Cela est possible en minimisant le gain $\mathcal{L}_2$ (norme H_∞) du vecteur $W(t)$ vers l'erreur d'estimation $e(t)$.

Les résultats des conditions de synthèse de l'observateur proposé sont donnée dans le théorème suivant :

Théorème 9. *[Dah11c] L'erreur d'estimation d'état de l'observateur (5.31) converge asymtotiquement vers zéro et satisfait le critère d'atténuation H_∞ suivant :*

$$J_{eW} = \int_0^\infty (e(t)^T e(t) - \gamma^2 W(t)^T W(t)) dt < 0, \tag{5.37}$$

s'il existe une matrice symétrique définie positive X, des matrices N_i et des scalaires positifs β_0 et β_1 vérifiant les LMI suivantes pour $i = 1, 2$:

$$\begin{bmatrix} \Omega_i & X B_W & X \\ B_W^T X & -\gamma^2 I & 0 \\ X & 0 & -\beta_1 I \end{bmatrix} < 0 \tag{5.38}$$

avec $\Omega_i = A_i^T X + X A_i + N_i C + C^T N_i^T + \beta_0 \lambda^2 I$. Et η est donné par :

$$\begin{cases} \eta = 0 & si \;\; e_y = 0 \\ \eta = \left(\frac{\beta_1 \beta_0}{\beta_1 - \beta_0} \right) \lambda^2 \frac{\hat{x}^T \hat{x}}{2 c_y^T e_y} X^{-1} C^T e_y & si \;\; e_y \neq 0 \end{cases} \tag{5.39}$$

Et les gain L_i sont donnés par :

$$L_i = X^{-1} N_i \tag{5.40}$$

Preuve : voir annexes

Synthèse d'un observateur TS avec variables de décision non mesurables pour un modèle incertain

Dans ce cas, en plus des variables de décision non mesurables nous considérons la présence des incertitudes paramétriques. De la même manière que l'observateur précèdent, nous utilisons une combinaison de l'approche H_∞ avec un terme discontinue pour compenser l'effet des incertitudes.

Considérons le modèle TS incertain de la dynamique latérale du véhicule dans sa voie donnée par l'équation (5.13). L'observateur proposé s'écrit :

$$\dot{\hat{x}}(t) = \sum_{i=1}^{2} \mu_i(|\hat{\alpha_f}|)\left(A_i\hat{x}(t) + B_i\delta_f(t) + L_i(y(t) - \hat{y}(t))\right) + \eta(t)$$
$$\hat{y}(t) = C\hat{x}(t)$$

(5.41)

La dynamique de l'erreur d'estimation est alors régie par l'équation suivante :

$$\dot{e}(t) = \sum_{i=1}^{2} \mu_i(|\hat{\alpha_f}|)(A_i - L_iC)e(t) + \widetilde{A}x(t) + \widetilde{B}\delta_f(t) + B_w w(t) - \eta(t)$$

(5.42)

avec

$$\widetilde{A} = \sum_{i=1}^{2} \bar{\mu}_i A_i + \sum_{i=1}^{2} \mu_i(|\alpha_f|)\Delta A_i,$$
$$\widetilde{B} = \sum_{i=1}^{2} \bar{\mu}_i B_i + \sum_{i=1}^{2} \mu_i(|\alpha_f|)\Delta B_i,$$

(5.43)

$$\bar{\mu}_i = \mu_i(|\alpha_f|) - \mu_i(|\hat{\alpha_f}|)$$

qui peut être réarrangée sous la forme suivante :

$$\dot{e}(t) = \sum_{i=1}^{2} \mu_i(|\hat{\alpha_f}|)(A_i - L_iC)e(t) + \widetilde{A}x(t) + \widetilde{B}_W \widetilde{W}(t) - \eta(t)$$

(5.44)

où $\widetilde{B}_W = [B_w \quad I] \ \widetilde{W}(t) = \begin{bmatrix} w(t) & \tilde{b}(t) \end{bmatrix}^T \quad and \quad \tilde{b}(t) = \widetilde{B}^T \delta_f(t)$

La propriété de convexité des variables $\bar{\mu}_i$ donnée par l'équation (5.35), implique que les matrices $\widetilde{A}$ et $\widetilde{B}$ sont bornées et les propriété suivantes sont vérifiées

$$\|\widetilde{A}\| \le \widetilde{\lambda}, \quad \widetilde{\lambda} = \sum_{i=1}^{2} \lambda_i + \max_{i=1}^{2} \rho_i$$

(5.45)

où $\lambda_i > 0$ est la norme de la matrice A_i pour $i = 1, 2$.

La synthèse de cet observateur sera donc faite en minimisant le gain $\mathcal{L}_2$ (norme H_∞) du vecteur $\widetilde{W}(t)$ vers l'erreur d'estimation $e(t)$.

Le théorème suivant donne alors les conditions de synthèse de l'observateur 5.41 :

Théorème 10. *[Dah11b] Le système donné par la dynamique de l'erreur d'estimation (5.44) est stable et le gain $\mathcal{L}_2$ du transfert entre le vecteur $\widetilde{W}(t)$ et l'erreur d'estimation est minimisé par un scalaire positif γ s'il existe une matrice symétrique définie positive X, des matrices N_i et des scalaires positifs β_0 et β_1 vérifiant les LMI suivantes pour $i = 1, 2$:*

$$\begin{bmatrix} \Omega_i & X\widetilde{B}_W & X \\ \widetilde{B}_W^T X & -\gamma^2 I & 0 \\ X & 0 & -\beta_1 I \end{bmatrix} < 0 \qquad (5.46)$$

avec : $\Omega_i = A_i^T X + X A_i - N_i C - C^T N_i^T + \beta_0 \widetilde{\lambda}^2 I + I$

Les gains de l'observateur sont alors donnés par :

$$\begin{cases} L_i = X^{-1} N_i \\ \\ \eta(t) = 0 \qquad si \;\; e_y(t) = 0 \\ \\ \eta(t) = \left(\frac{\beta_1 \beta_0}{\beta_1 - \beta_0} \right) \widetilde{\lambda}^2 \frac{\widehat{x}(t)^T \widehat{x}(t)}{2 e_y(t)^T e_y(t)} X^{-1} C^T e_y(t) \qquad sinon \end{cases} \qquad (5.47)$$

Preuve : voir annexes

Remarque 5. *Il est important de noter que l'implémentation de ce genre d'observateur peut être délicate à cause de la présence du terme η : lorsque l'erreur d'estimation de sortie e_y tend vers zéro, la valeur de la variable η tend à diverger. Ce problème est résolu en fixant la valeur de ce dernier à zéro dès que $\|e_y\| < \zeta$, où ζ est un scalaire positif choisi à priori. Dans ce cas, l'erreur d'estimation $e(t)$ converge systématiquement vers une valeur proche de zéro et qui dépendra de la valeur de ζ choisie.*

Nous présentons dans la suite de cette section, quelques résultats de simulation de l'observateur 5.23. Les autres observateurs étant implémentés et testés sur le simulateur CarSim et sur un véhicule de test à travers des scénarios de sorties de route qui seront présentés en détail dans le chapitre 6.

Résultats de simulations

Dans cette section l'observateur (5.23) a fait l'objet de test en simulation sur Matlab/Simulink. Les résultats des tests montrent l'efficacité de l'approche utilisée pour l'estimation de la dynamique du véhicule en minimisant les effets des perturbations du vent. Les mesures supposées disponibles sont l'angle de braquage du conducteur, le déplacement latéral relatif et les variables de décision données par les angles de dérive.

FIGURE 5.7 – Exemple de double virage

Nous considérons dans ce test un exemple de double virage illustré sur la figure 5.7.

Sous les hypothèses 5.1 ~ 5.2, La courbure de la route peut être extraite sous forme d'un signale qui sera considéré comme une entrée inconnue du modèle (première courbe de la figure 5.8). Nous verrons par la suite que cette courbure peut être estimée en utilisant les résultats de l'observateur.

Nous avons également considéré des incertitudes paramétrique sur les matrices d'état données sous la forme suivantes :

$\Delta A_i(t) = \pm 10\% A_i(t) = 0.1 A_i \eta(t)$,

$\Delta B_i(t) = \pm 10\% B_i(t) = 0.1 B_1 \eta(t)$

La fonction $\eta(t)$ est une fonction aléatoire avec une moyenne nulle et une variance unitaire. Les perturbations du vent sont données par $f_w = 300N$ et agissent à une distance $l_w = 0.8m$ du centre de gravité du véhicule.

Pour un taux d'atténuation $\gamma = 0.168$, les conditions de synthèse données par le théorème (8) sont faisables avec les résultats suivants :

$$X = \begin{bmatrix} 962 & -194 & -32 & 323 \\ -194 & 1713 & 18 & -183 \\ -32 & 18 & 6 & -63 \\ 323 & 183 & -63 & 639 \end{bmatrix}, \quad \begin{array}{l} L_1 = \begin{bmatrix} 0.01 & 0.01 & 1167.8 & 116.6 \end{bmatrix} \\ \\ L_2 = \begin{bmatrix} 0.01 & 0.01 & 1167.5 & 116.6 \end{bmatrix} \end{array}$$

$\beta_1 = 20905, \quad \beta_0 = 28900$

Le modèle TS incertain de la dynamique latérale du véhicule dans sa voie en présence de perturbations (5.15) est simulé avec un braquage des roues $\delta(t)$ comme entrée et une courbure de la route $w(t)$ comme une entrée inconnue, les deux entrées sont illustrées par la figure 5.8.

Les variables d'état du modèle estimées par l'observateur sont illustrées sur la figure 5.9. Ces

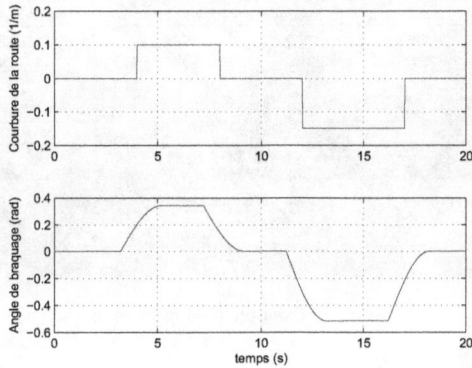

FIGURE 5.8 – Entrées du modèle

résultat montrent bien la robustesse de l'observateur vis à vis des perturbations et des incertitudes. Les variables estimées peuvent ainsi être utilisées pour l'estimation de la courbure de la route et la détection des sorties de route.

Les deux derniers observateurs développés pour des variables de décision non mesurables seront testé à travers des simulation sur le simulateur CarSim et sur un test expérimental sur un véhicule réel.

5.4 Application à la détection des sorties de route

Dans cette section nous présentons quelques résultats sur l'application de l'estimation de la dynamique du véhicule à la détection des sorties de route. La courbure de la route est estimée en utilisant les sorties des observateurs ainsi que la courbure de la trajectoire suivie par le véhicule (voir figure 5.3). Ces dernières seront ensuite utilisées par un algorithme de génération d'alarme pour caractériser le risque de sortie de route et calculer le temps des corrections du conducteur pour ramener le véhicule a sa trajectoire de référence.

124

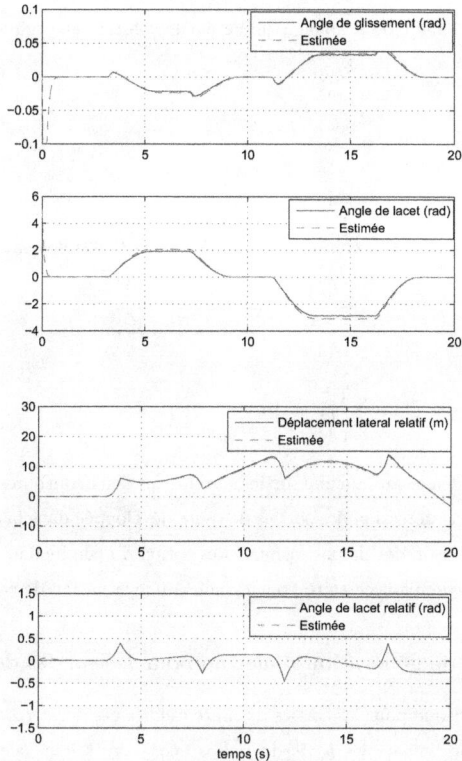

FIGURE 5.9 – Tracés des états et leurs estimés pour un modèle TS incertain et perturbé

5.4.1 Estimation de la courbure de la route et celle de la trajectoire du véhicule

Une fois les états du système sont reconstruits, ils sont utilisés pour estimer la courbure de la route. A partir de l'équation (5.7), la courbure de la route peut être estimée par :

$$\tilde{w} = \frac{1}{l_s}\hat{\beta} + \frac{1}{l_s}\Delta\hat{\psi} + \frac{1}{v}\dot{\hat{\psi}} - \frac{1}{l_s v}\dot{y}_s \qquad (5.48)$$

Où v est la vitesse du véhicule, $\dot{\hat{\psi}}$, $\hat{\beta}$ et $\Delta\dot{\hat{\psi}}$ sont les variables d'état estimées par l'observateur.

Une fois que la courbure de la route est estimée, elle peut être comparée à la courbure de la

125

trajectoire suivie par le véhicule afin de détecter les éventuelles sorties de route. Cette dernière est déduite à partir de l'angle de braquage donné par la solution en régime statique du modèle (5.5) :

$$\frac{\dot{\psi}}{\delta} = \frac{v}{l - \frac{mv^2(l_f \bar{C}_f - l_r \bar{C}_r)}{l C_f C_r}} \tag{5.49}$$

où $l = l_f + l_r$.

D'autre part nous avons $R_v \dot{\psi} = v$ et $w_v = 1/R_v$. L'équation (5.49) devient alors :

$$w_v = \frac{1}{R_v} = \frac{\delta_f}{l - \frac{mv^2(l_f \bar{C}_f - l_r \bar{C}_r)}{l \bar{C}_f \bar{C}_r}} \tag{5.50}$$

où $\bar{C}_f = \sum_{i=1}^{2} \mu_i(|\hat{\alpha}_f|) C_{fi}$ et $\bar{C}_r = \sum_{i=1}^{2} \mu_i(|\hat{\alpha}_f|) C_{ri}$

Pour une conduite idéale sans aucune sortie de route, les deux courbures estimée doivent être identique. La méthode de détection des sorties de route développée dans la suite de cette section est basée sur la comparaison des deux courbure. Les action du conducteur sont ensuite prise en compte pour estimer le temps nécessaire pour revenir à une situation de conduite idéale.

5.4.2 Algorithme de génération d'alarme pour les sorties de route

Les indicateurs de risque pour les sorties de route étudiés ces dernières années (voir chapitre 2), présentent des inconvénients vis à vis du temps nécessaire à leur calcul et nécessitent des informations géométriques précises de la route [Mam07]. Ils sont aussi calculés sans prendre en compte la dynamique du véhicule et n'intègrent donc pas les corrections du conducteur par exemple. Dans ce présent travail, deux indicateur de risque sont proposé pour détecter les sorties de route. Le premier indicateur de risque (r_1) utilisé ici est la différence instantanée entre la courbure de la route $\hat{w}$ obtenue par l'équation (6.37) et la courbure de la trajectoire du véhicule w_v donnée par l'équation (5.50). Le deuxième indicateur quand à lui est introduit pour tenir compte des actions du conducteur.

Pour réduire les fausses détections et les non détections d'une sortie de route, nous devons tenir compte de la dynamique du braquage du conducteur $\dot{\delta}$, cela nous permettra d'éviter les fausses détections quand le conducteur est déjà en train de corriger sa trajectoire et revenir à la situation normale. Nous définissons alors un second indicateur de risque r_2. Dès que r_1 dépasse le seuil prédéfini r_{Thres}, si le conducteur est en train de corriger sa trajectoire ($\frac{\dot{\delta}}{r_1} > \epsilon$), l'indicateur

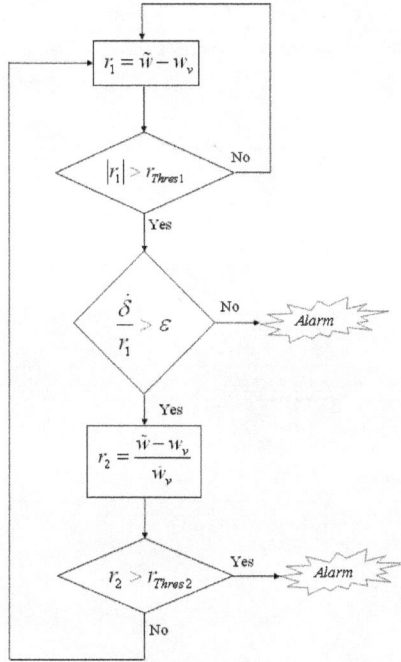

FIGURE 5.10 – Algorithme de détection des sorties de route

de risque r_2 donné par :

$$r_2 = \frac{\widetilde{w} - w_v}{\dot{w}_v} \tag{5.51}$$

est calculé. Ce dernier définit le temps nécessaire à la correction afin que la trajectoire du véhicule rejoigne celle de la route. La sortie de route est alors détectée dès que ce temps dépasse le seuil r_{Thres2}, pour une conduite idéale ce temps doit être à toute instant proche de zéro. Et pour que les corrections du conducteur soient efficaces, ce temps doit être suffisamment petit (inférieur au temps de sortie de route par exemple). Cette méthode peut s'avérer très efficace pour détecter les sorties dûes aux fausses manœuvres ou à l'endormissement du conducteur. L'algorithme donné par la figure 5.10 présente les différentes étapes de détection.

5.4.3 Test de sortie de route

Afin de tester l'efficacité de la méthode développée à détecter les sorties de route, nous avons réalisé un test composé de deux scénarios de conduite. Dans le premier scénario la conduite est supposée idéale et de telle sorte que le véhicule suit de prêt la trajectoire définie par la route choisie (figure 5.7). Dans le deuxième scénario nous simulons une sortie volontaire de la

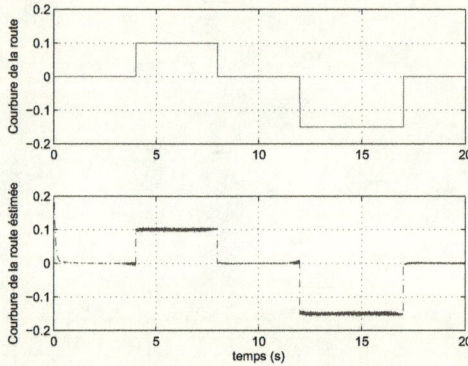

FIGURE 5.11 – Estimation de la courbure de la route

route à l'instant $t = 12s$. La figure 7.5 illustre l'estimation de la courbure de la route à partir des résultats de l'observateur 5.23. La courbure de la route estimée est ensuite utilisée par l'algorithme de génération d'alarme. Pour les deux scénarios les indicateurs de risque r_1 et r_2 sont calculés et illustrés par les figure 5.12 et 5.13. Dans le premier scénario les deux indicateurs restent à des faibles valeurs, l'indicateur r_2 qui représente le temps de correction est resté inférieur à 1 *seconde* pendant toute la durée de simulation. Cela explique le fait que le signal d'alarme (troisième courbe de la figure 5.12) soit resté à zéro, ce qui fait qu'aucune détection de sortie de route n'a eu lieu pendant ce premier scénario. Dans le deuxième scénario, les deux indicateurs divergent et prennent des grandes valeurs à partir de $t = 12$ s, instant à partir duquel nous avons simulé la sortie de route. Il faut également remarquer que le signal d'alarme disparaît pendant quelques instants à $t = 17$ s. Cela s'explique par la baisse du temps de correction du conducteur (r_2) pendant cette instant ce qui veut dire que les actions du conducteur sont estimées efficaces pour corriger sa trajectoire. A l'instant $t = 18$ s le signal d'alarme revient à 1 car le deuxième indicateur a dépassé le seuil considéré et les corrections du conducteur sont donc plus suffisantes.

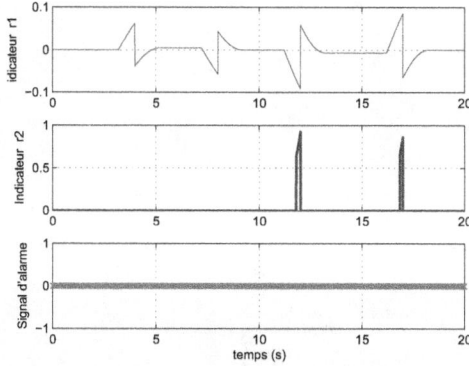

FIGURE 5.12 – Les indicateurs de risque dans le 1er scénario

5.5 Conclusion

Nous avons présenté dans ce chapitre quelques résultats sur l'évaluation de la dynamique du véhicule et de la courbure de la route et leur application à la détection des sorties de route. Nous avons en premier temps défini la représentation TS de la dynamique latérale du véhicule dans sa voie. Ce type de représentation pour la dynamique latérale du véhicule à l'avantage de prendre en compte les non-linéarités des forces de contact pneu/chaussée. Cela permet d'élargir le domaine de validité du modèle développé et simuler des situations de conduite plus critiques. Un deuxième avantage de cette représentation réside dans la possibilité d'appliquer des techniques développées pour le domaine linéaire pour la synthèse des observateurs TS. Par la suite nous avons présenté les différents résultats de synthèse des observateurs TS pour l'estimation de la dynamique du véhicule. Les deux premiers observateurs sont développés sous l'hypothèse des variables de décision mesurables. Cependant dans notre cas ces variables sont représentés par les angles de dérive des roues qui sont difficilement mesurables. Nous avons donc proposé une méthode de synthèse qui prend en compte l'indisponibilité à la mesure des variables de décision. Les perturbations externes et les incertitudes ont également été prises en compte pour améliorer la robustesse de l'estimation.

L'estimation des états du modèle du véhicule a été ensuite appliquée à la détection des sorties de route. L'algorithme de génération d'alarme proposé est basé sur la comparaison de la courbure de la route estimée et celle de la trajectoire suivie par le véhicule. Contrairement aux méthodes de détection des sorties de route existantes, la méthode proposée tient compte

129

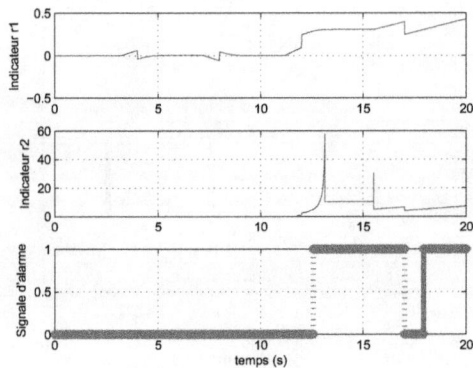

FIGURE 5.13 – Les indicateurs de risque dans le 2eme scenario

des actions du conducteur. Cela améliore considérablement les anticipations de détection et les fausses alarmes, dans ce cas le conducteur n'est pas alerté lorsqu'il est en train de corriger sa trajectoire. Des simulations et des tests de sortie de route ont été réalisés sous Matlab/Simulink et montrent une bonne efficacité des techniques utilisées pour l'estimation de la dynamique latérale du véhicule, de la courbure de la route et la détection des sorties de route. Ces techniques seront également évaluées dans la suite de ce présent travail sur le simulateur CarSim et à travers un test expérimental. Le prochain chapitre sera consacré à l'évaluation de la dynamique du véhicule pour la détection des renversements.

Bibliographie

[Akh07] A. Akhenak,M. Chadli, J. Ragot, and D. Maquin. " Design of sliding mode unknown input observer for uncertain Takagi-Sugeno model". 15th Mediterranean Conference on Control and Automation, MED'07, Athens, Greece,2007.

[Bar02] F. Bar and Y. Page. "An empirical classification of lane departure crashes for the identification of relevant counter-measures". 46th AAAM Conference, Florida, USA, 2002.

[Bou07] C.Boussard. "Estimations embarquées de conditions de risque. ". Thèse de l'école des mines de Paris, 2007.

[Dah09] H. Dahmani, M. Chadli, A. Rabhi and A.El Hajjaji "Lane departure detection using Takagi-Sugeno Fuzzy model". LFA 2009, 05-06 Novembre 2009, Annecy France.

[Dah10a] H. Dahmani, M. Chadli, A. Rabhi and A.El Hajjaji "Fuzzy uncertain observer with unknown inputs for Lane departure detection". American Control Conference ACC 2010 June 30 - July 2, 2010 Maryland, USA.

[Dah10b] H. Dahmani, M. Chadli, A. Rabhi and A.El Hajjaji "Observateur robuste pour l'estimation de la courbure de la route : Application à la détection de sorties de route des véhicules". CIFA 2010, 02-04 juin 2010, Nancy France.

[Dah10c] H. Dahmani, M. Chadli, A. Rabhi and A.El Hajjaji "Design of unknown input robust fuzzy observer for vehicle lane departure detection". International Journal of Vehicle Design, (Accepté).

[Dah11b] H. Dahmani, M. Chadli, A. Rabhi and A.El Hajjaji "Road curvature estimation for vehicle lane departure detection using a robust Takagi-Sugeno fuzzy observer". International Journal of Vehicle System Dynamics, International Journal of Vehicle Design 2011 - Vol. 56, No.1/2/3/4 pp. 186 - 202.

[Dah11c] H. Dahmani, M. Chadli, A. Rabhi and A.El Hajjaji "Driver attention warning system based on a fuzzy representation of the vehicle model". IFAC World congress 2011, August 28-September 2, Milano, Italy.

[Gue06] T. Guerra, A. Kruszewski, L. Vermeiren, and H. Tirmant. "Conditions of output sta-bilization for nonlinear models in the Takagi-Sugeno's form". Fuzzy Sets and Systems, vol. 157, no. 9, pp. 1248-1259, 2006.

[Gla05] S.Glaser, S. Mammar, M. Netto and B.Lusetti. "Experimental Time to Line Crossing validation". IEEE Conference on Intelligent Transportation Systems, Vienna, Austria, 2005.

[Haj06] A. El Hajjaji, M. Chadli, M. Oudghiri and O. Pages. "bserver-based robust fuzzy control for vehicle lateral dynamics". Proceedings of the American Control Conference, IEEE-ACC Minneapolis, Minnesota, USA ,p. 4664-4669, June 14-16, 2006

[Mam00] S. Mammar. "Two-Degree-of-Freedom $H\infty$ Optimization and Scheduling for Robust Vehicle Lateral Control". Vehicle System Dynamics, 34 :6, p 401-422, 2000 .

[Mam07] S.Mammar, S.Glaser and Y.Sebsadji. "Time-to-Line-Crossing : from Perception to Control Variable". IEEE Intelligent Transportation Systems Conference, Seattle, WA, USA, 2007

[Nic08] N. Minoiu Enache "Assistance préventive à la sortie de voie". Thèse de l'université d'Evry Val d'Essonne, France, 2008.

[Tak85] T.Takagi and M. Sugeno. "Fuzzy identification of systems and its applications to mo-deling and control". IEEE Transactions on Systems, Man, and Cybernetics, vol.15, pp. 116-132, 1985.

Chapitre 6

Évaluation de la dynamique du véhicule pour la détection des renversements

Sommaire

6.1   Introduction

Dans cette dernière décennie la plupart des constructeurs automobiles ont équipé leurs véhicules de systèmes de sécurité active. L'ABS (Anti-lock Braking System) pour améliorer les performances au freinage d'urgence, l'ESP (Electronic Stability Program) pour une meilleure correction de la trajectoire du véhicule en virage, sont deux exemples des fonctions les plus répondues. Les systèmes de sécurité active et de sécurité passive et les systèmes d'aide à la conduite réduisent beaucoup les risques potentiels en cas d'accident. Les dernières recherches menées ces dernières années ont permis le développement de plusieurs nouveaux systèmes de sécurité active et passive qui couvrent plusieurs types d'accident (choc frontal, choc latéral, sortie de route, etc..). Cependant certains types d'accident tels que les renversements restent sans protection adéquate. Aux États Unis, seul 3% des cas d'accidents sont dus aux renversement de véhicule tandis que le nombre de tués lors de ce genre d'accident représentent 33% de tous les tués [NHT07]. Ces statistiques montrent le danger potentiel encouru par les passagers en cas de renversement du véhicule. Réduire le risque de renversement des véhicules est un levier très efficace pour baisser le nombre de tués sur les routes.

Les renversements se produisent lors de manœuvres dangereuses et peuvent poser un véritable danger pour le véhicule. L'excès de vitesse lors d'un virage, l'évitement d'obstacles et les changements brusques de la voie sont des exemples de conduite dangereuse, où le renversement se produit comme une conséquence directe des forces latérales générées lors de ces manœuvres [Sol08]. Dans les travaux récents sur la détection des renversements, le concept d'un indicateur statique de renversement est utilisé. Ce dernier repose sur le mouvement de roulis du véhicule mais ne prend pas en compte la vitesse de roulis . Dans [Che01] [Ung01], Chen et Peng proposent le calcul de temps à renversement (Time-To-Rollover (TTR)) pour estimer le temps restant pour le début de la phase de renversement et développent une lois de commande pour stabiliser le véhicule. Hac et Martens définissent un indicateur de renversement à partir d'un observateur basé sur le modèle de roulis du véhicule [Hac04]. Yi et Yoon ont proposé dans [Yi07] un indicateur de risque de renversement en combinant le mouvement de roulis et le mouvement verticale du véhicule. Quelle que soit l'approche utilisée, les indicateurs utilisés pour la prévention des renversements se basent principalement sur l'estimation du taux de transfert de charge du véhicule (LTR-Load Transfer Ratio) [Ode99]. La quantité LTR peut être définie simplement par la différence entre les forces verticales des roues de chaque côté, divisée par leur somme qui représentent le poids total du véhicule. Le LTR varie dans l'intervalle [-1,1], sa valeur est nulle pour un véhicule parfaitement symétrique qui roule sur une ligne droite et atteint les extrêmes au moment où l'un des côté du véhicule quitte le sol (renversement). Dans ce présent travail nous utilisons le taux de transfert de charge dynamique (LTR_d) calculé à partir de l'angle et de la vitesse de roulis estimés pour caractériser le risque de renversement. Afin d'améliorer l'anticipation de détection des renversements, nous proposons d'utiliser la dynamique du LTR_d pour évaluer le temps à renversement (TTR). Des observateurs TS avec rejet de perturbation ont été proposés pour estimer les états de la dynamique du véhicule en présence du dévers de la route en utilisant l'approche H_∞. Comme dans le chapitre précédent, les deux cas de variables de décision mesurables et non mesurables sont étudiés dans la synthèse des observateurs TS. Le modèle du véhicule utilisé est représenté sous forme d'un modèle flou de type Takagi-Sugeno (TS) [Tak85] afin de tenir compte des non-linéarités des forces latérales.

Ce chapitre est organisé comme suit : dans la section 2, nous présentons le modèle dérive-lacet roulis du véhicule et sa représentation par un modèle flou de type TS. Ensuite, la section 3 est consacrée à l'évaluation du risque de renversement des véhicules ainsi que le développement du taux de transfert de charge latérale dynamique (LTR_d) . Ensuite, nous présentons quelques résultats sur la synthèse des observateurs TS pour l'estimation de la dynamique du véhicule en présence du dévers de la route. Enfin, dans la section 4 nous présentons une méthode pour l'estimation simultanée de la dynamique du véhicule et des attributs de la route.

6.2 Modélisation de la dynamique latérale et du roulis du véhicule

Le modèle utilisé dans ce travail est déduit à partir de la dynamique dérive-lacet-roulis du véhicule, il est obtenu en considérant le modèle bicyclette avec un degré de liberté supplémentaire donné par le mouvement de roulis de la caisse du véhicule (Fig. 6.1). Les équations du mouvement du véhicule avec la prise en compte de l'angle de dévers de la route sont données alors par [Ryu04] [Kid06] :

$$\begin{cases} m(v\dot{\beta} + v\dot{\psi} - \ddot{\phi}_v h) = 2F_{yf} + 2F_{yr} - m_s g\phi_r \\ I_z\ddot{\psi} = 2F_{yf}l_f - 2F_{yr}l_r \\ I_x\ddot{\phi}_v = m_s gh(\phi_v + \phi_r) + m_s a_y h - K_\phi\phi_v - C_\phi\dot{\phi}_v \end{cases} \qquad (6.1)$$

ϕ_v et ϕ_r représentent respectivement l'angle de roulis du véhicule et l'angle de dévers de la route. La masse suspendue du véhicule est notée m_s et h exprime la hauteur du centre de gravité du véhicule. Les coefficient C_ϕ et K_ϕ indiquent respectivement le coefficient d'atténuation du mouvement de roulis et le coefficient de ressort du mouvement de roulis. Pour plus de description des paramètres du véhicule se référer à la figures 6.1.

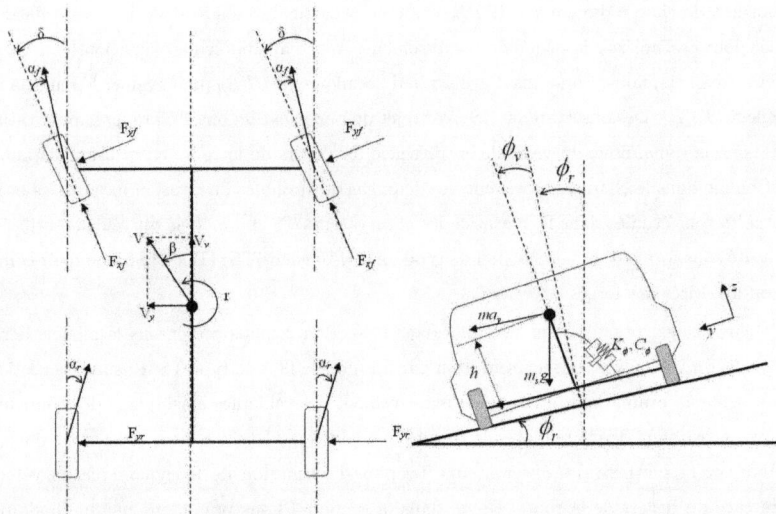

FIGURE 6.1 – Représentation du véhicule

6.2.1   Représentation de type TS du modèle dérive-lacet-roulis du véhicule

Afin d'obtenir la représentation TS du modèle (6.1), nous remplaçons les forces F_{yf} et F_{yr} par leurs expressions données par (5.2). En prenant comme vecteur d'état du système, $x = [\beta,\ \dot{\psi},\ \dot{\phi},\ \phi]$, comme entrée de commande l'angle de braquage δ, le modèle flou TS s'écrit :

$$\dot{x}(t) = \sum_{i=1}^{2} \mu_i(|\alpha_f|)\big(A_i x(t) + B_i \delta_f(t)\big) + B_\phi \phi_r(t) \qquad (6.2)$$

avec

$$A_i = \begin{bmatrix} -\dfrac{\sigma_i I_{x_{eq}}}{m I_x v} & \dfrac{\rho_i I_{x_{eq}}}{m I_x v^2} - 1 & -\dfrac{h C_\phi}{I_x v} & \dfrac{h(m_s g h - k_\phi)}{I_x v} \\[2mm] \dfrac{\rho_i}{I_z} & -\dfrac{\tau_i}{I_z v} & 0 & 0 \\[2mm] -\dfrac{m_s h \sigma_i}{m I_x} & \dfrac{m_s h \rho_i}{m I_x v} & -\dfrac{C_\phi}{I_x} & \dfrac{(m_s g h - k_\phi)}{I_x} \\[2mm] 0 & 0 & 1 & 0 \end{bmatrix}$$

$$B_i = \begin{bmatrix} 2\dfrac{C_{fi} I_{x_{eq}}}{m I_x v} & 2\dfrac{C_{fi} l_f}{I_z} & 2\dfrac{m_s h C_{fi}}{m I_x} & 0 \end{bmatrix}^T$$

$$B_\phi = \begin{bmatrix} -\frac{m_s g}{m v} & 0 & 0 & 0 \end{bmatrix}^T.$$

où $x(t) = \begin{bmatrix} \beta(t) & \dot{\psi}(t) & \dot{\phi}_v(t) & \phi_v(t) \end{bmatrix}^T$ représente le vecteur d'état du modèle, $I_{x_{eq}}$ est le moment d'inertie équivalent autour de l'axe de roulis donné par :

$$I_{x_{eq}} = I_x + m_s h^2 \qquad (6.3)$$

et σ_i, ρ_i, τ_i sont des variables auxiliaires introduites pour simplifier l'écriture du modèle, elles sont données par :

$$\begin{aligned} \sigma_i &= 2(C_{ri} + C_{fi}), \\ \rho_i &= 2(l_r C_{ri} - l_f C_{fi}) \\ \tau_i &= 2(l_f^2 C_{fi} + l_r^2 C_{ri}) \end{aligned} \qquad (6.4)$$

Ce modèle sera utilisé dans la suite de ce chapitre pour la synthèse des observateurs TS pour l'estimation de la dynamique de roulis et le calcul des indicateurs de risque de renversement.

6.2.2 Identification des paramètres du modèle TS

Afin de déterminer tous les paramètres du modèles TS, nous utilisons une méthode d'identification. L'objectif est d'optimiser les paramètres des modèles locaux C_{fi}, C_{ri} et les fonctions d'activation $\mu_i(|\alpha_f|)$. Les paramètres a_i, b_i et c_i donnés dans l'équation (5.4), ainsi que les coefficients de rigidité C_{fi}, C_{ri} sont déterminés en utilisant un algorithme d'optimisation tel que celui de Levenberg-Marquadt combiné avec les moindres carrés [Haj06]. L'algorithme minimise l'écart quadratique entre les expressions non linéaires des forces latérales données par le modèle de Pacejka (3.19) et les forces estimées (5.2). Ces paramètres sont identifiés pour une route sèche et les paramètres du véhicule donnés dans le tableau 6.1, nous avons obtenu les valeurs numériques données par le tableau 6.2.

Afin d'illustrer les résultats d'identification, le modèle TS ainsi obtenu est validé sur le simulateur CarSim [Car08].
La figure 6.3 montre les états du modèle TS du véhicule comparés aux états mesurés sur CarSim. Le test effectué est de type "fishhook test" avec une entrée en angle de braquage donnée sur la figure 6.2 et une vitesse longitudinale de 50 km/h.

TABLE 6.1 – paramètres nominaux du véhicule utilisé pour l'identification

Parameter	value	Unit
m_s	1592	$[kg]$
m	1832	$[kg]$
v	20	$[m/s]$
I_x	614	$[kgm^2]$
I_z	2488	$[kgm^2]$
l_r	1.77	$[m]$
l_f	1.18	$[m]$
T	1.5	$[m]$
h	0.559	$[m]$
C_ϕ	6000	$[Nms/rad]$
k_ϕ	48000	$[Nm/rad]$

TABLE 6.2 – Les paramètres des fonctions d'activation et du modèle TS

a_1	a_2	b_1	b_2	c_1	c_2	C_{f1}	C_{f2}	C_{r1}	C_{r2}
0.0852	3.8722	0.6741	22.8174	0.0218	3.8529	96240	829.15	107180	650.44

6.3 Évaluation du risque de renversement

Nous présentons dans cette section une étude sur les indicateurs de risque de renversement des véhicules basés sur le transfert de charge latérale. Ce dernier est calculé à partir des forces verticales qui sont difficilement mesurables. Nous introduisons ici une méthode pour l'approximer avec des variables de la dynamique de roulis estimés.

6.3.1 Le transfert de charge latérale

Le transfert de charge latérale est introduit par les variations des forces normales agissant sur les roues causées par l'accélération du centre de gravité du véhicule. La Figure 6.5 montre les forces verticales des roues et le mouvement de roulis du véhicule sur une route inclinée.

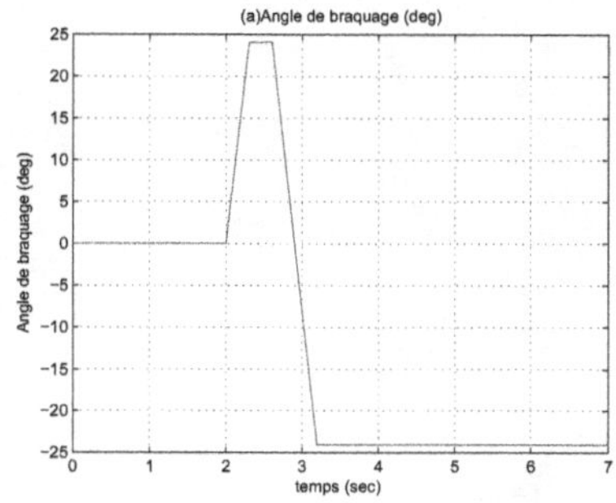

FIGURE 6.2 – L'angle du braquage utilisé comme entré du modèle

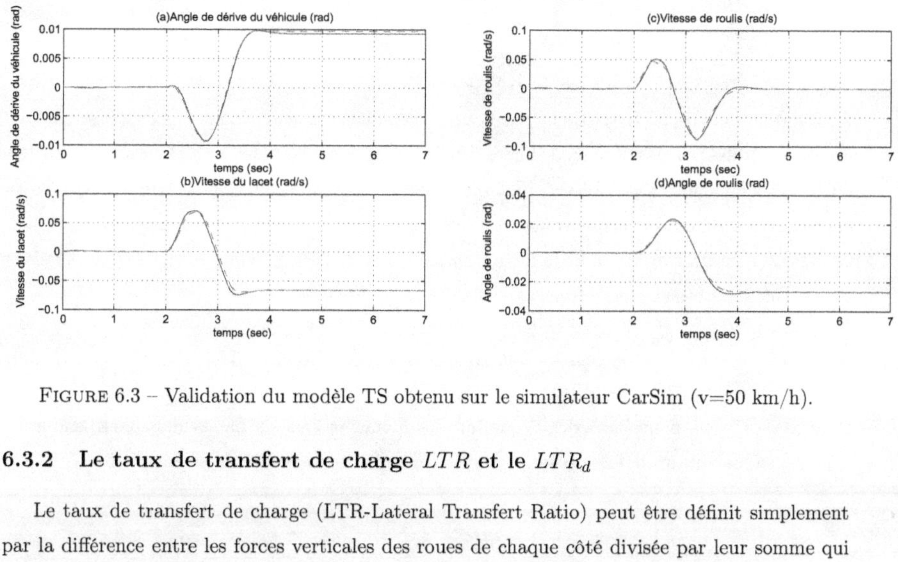

FIGURE 6.3 – Validation du modèle TS obtenu sur le simulateur CarSim (v=50 km/h).

6.3.2 Le taux de transfert de charge LTR et le LTR_d

Le taux de transfert de charge (LTR-Lateral Transfert Ratio) peut être définit simplement par la différence entre les forces verticales des roues de chaque côté divisée par leur somme qui représente le poids total du véhicule. Si on néglige le mouvement vertical du véhicule, le LTR sera donné par l'équation suivante

$$LTR = \frac{F_{zl} - F_{zr}}{F_{zl} + F_{zr}} = \frac{F_{zl} - F_{zr}}{mg} \qquad (6.5)$$

Le LTR varie dans l'intervalle [-1,1], sa valeur est nulle pour un véhicule parfaitement symétrique qui roule sur une ligne droite et atteint les extrêmes au moment où l'un des côtés du véhicule

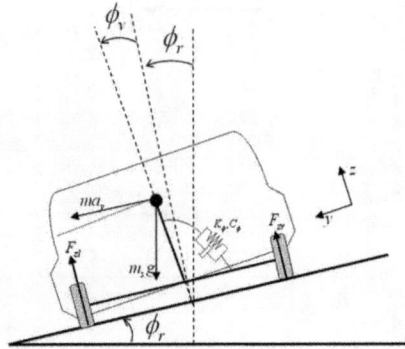

FIGURE 6.4 – Mouvement du roulis du véhicule

quitte le sol (renversement), où le LTR prend la valeur 1 ou -1 suivant le sens de renversement.

L'estimation du LTR tel qu'on vient de le définir est une solution très coûteuse car elle nécessite l'utilisation de capteurs de forces verticale dont le prix est très élevé. Une approximation du LTR qui dépend des variables de roulis et des paramètres du véhicule peut être obtenue. Cette approximation définit le taux de transfert de charge dynamique (LTR_d). Pour obtenir l'expression du LTR_d on écrit l'expression de la force $m_s g$ et de la pseudo-force $m_s a_y$ sur les axes y et z fixés au véhicule, on obtient alors l'équation suivante :

$$m_s a_y h + m_s gh(\phi_v + \phi_r) - C_\phi \dot{\phi}_v + K_\phi \phi_v = 0 \qquad (6.6)$$

D'autre part nous pouvons écrire l'équation des moments générés par la masse suspendue et non-suspendue autour de l'axe passant par les roues du même côté du véhicule :

$$F_{zr} T + m_s a_y h + m_s gh\phi_r - m_s g\left(\frac{T}{2} - h\phi_v\right) - m_u g\frac{T}{2} = 0 \qquad (6.7)$$

Rapportons (6.6) et (6.7) dans (6.5), l'expression du LTR_d est obtenu comme suit :

$$LTR_d = \frac{2}{mgT}(C_\phi \dot{\phi}_v + K_\phi \phi_v) \qquad (6.8)$$

Remarque 6. *Dans cette section nous avons montré que le LTR_d est affecté indirectement par le dévers de la route à travers son influence sur l'angle et la vitesse du roulis du véhicule.*

6.3.3 Calcul du temps à renversement (TTR-Time To Rollover)

Le LTR_d est un indicateur très efficace pour caractériser le risque de renversement des véhicules. Il fournit une information précise sur le moment de la perte du contact entre les roues et le sol. Néanmoins, cet indicateur ne peut pas être utilisé tel qu'il est pour prédire et anticiper la détection des renversements. Le temps à renversement (TTR) doit alors être introduit pour avoir cette anticipation de détection. Ce dernier est défini par le temps restant pour que les roues d'un coté du véhicule quittent le sol et donc le moment où le renversement devient imminent. Une méthode de calcul du TTR est proposée dans [Che99] et [Che01], ce dernier est défini par le temps restant pour que la masse suspendue du véhicule arrive à l'angle de roulis critique prédéfini, avec l'hypothèse d'un angle de braquage constant. Pour prendre en compte les variations de l'angle de braquage, deux versions du calcul du TTR sont proposées dans [Yua08].

Ces méthodes de calcul ont l'inconvénient d'être dépendantes de l'angle de roulis critique qu'on doit prédéfinir et qui parfois ne renseigne pas sur le moment exacte du début d'un renversement. Dans cette étude nous avons proposé de calculer le TTR par la méthode suivante : sous l'hypothèse que le LTR_d varie de manière constante au moment du calcul, le TTR est donné par le temps nécessaire pour que le LTR_d atteigne les valeurs critiques 1 ou -1 :

$$TTR = \frac{1 - LTR_d}{R_{LTR}} \quad si \quad LTR_d > 0 \tag{6.9}$$

$$TTR = \frac{-1 - LTR_d}{R_{LTR}} \quad si \quad LTR_d < 0 \tag{6.10}$$

où R_{LTR} représente la dynamique du LTR_d.

Remarque 7. *Lorsque le véhicule est dans une conduite normale sans aucun risque de renversement, le LTR_d est très proche de zéro. Dans ce cas, le calcul du TTR diverge vers une valeur infinie à cause de la division par zéro. Par exemple pour une conduite sur une ligne droite, le mouvement du roulis est absent et le risque de renversement est nul, théoriquement la valeur du TTR doit donc effectivement aller vers l'infini. Pour pallier à ce problème en simulation, la valeur du TTR est saturée à un seuil prédéfini lorsque le LTR_d s'approche de la valeur nulle.*

6.4 Estimation des variables de roulis en présence du dévers de la route

Dans cette section nous présentons quelques résultats de synthèse d'observateurs TS pour l'estimation de la dynamique de roulis du véhicule en présence du dévers de la route. Ce dernier est considéré comme une perturbation qui agit sur l'erreur d'estimation dont l'effet sera minimisé par l'approche H_∞. L'objectif est d'estimer les variables de roulis qui seront utilisés dans le calcul du LTR et du TTR pour caractériser le risque de renversement. Les deux cas de variables de décision mesurables et non mesurables sont étudiés dans ce chapitre.

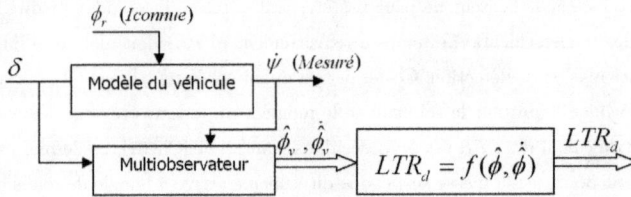

FIGURE 6.5 – Estimation du LTR à partir des variables de roulis

6.4.1 Synthèse de l'observateur avec variables de décision mesurables

Dans ce cas nous considérons des variables de décision disponibles à la mesure, cela revient à supposer la disponibilité d'un capteur d'angle de dérive des roues ou d'un estimateur indépendant.

Considérons le modèle TS dérive-lacet-roulis en présence du dévers de la route donné par l'équation (6.2). L'observateur proposé est de la forme :

$$\dot{\widehat{x}}(t) = \sum_{i=1}^{2} \mu_i(|\alpha_f|)\big(A_i\widehat{x}(t) + B_i u(t) + L_i(y(t) - \widehat{y}(t))\big)$$
$$\widehat{y}(t) = C\widehat{x}(t) \qquad C = [\ 0 \quad 1 \quad 0 \quad 0\ ] \tag{6.11}$$

En plus des angle de dérive, les variables mesurées sont l'angle de braquage et la vitesse du lacet du véhicule. La synthèse de l'observateur consiste à déterminer les gains L_i, qui garantissent la convergence de l'état estimé $\widehat{x}(t)$ vers l'états réel du modèle $x(t)$.

Dans ce cas la dynamique de l'erreur d'estimation est donnée sous la forme suivante :

$$\dot{e}(t) = \sum_{i=1}^{2} \mu_i(|\alpha_f|)\big(A_i - L_i C\big)e(t) + B_\phi \phi_r(t) \tag{6.12}$$

L'angle de dévers supposé inconnu agit donc comme une perturbation sur l'erreur d'estimation. Afin de minimiser cet effet, le gain $\mathcal{L}_2$ *(norme* H_∞*)* entre le dévers de la route $\phi_r(t)$ et l'erreur d'estimation $(e(t))$ doit être minimisée. Cela revient à satisfaire le critère suivant :

$$\int_0^\infty e^T(t)e(t)dt \le \gamma^2 \int_0^\infty \phi_r^T(t)\phi_r(t)dt \tag{6.13}$$

142

où γ est un scalaire positif qui représente le taux d'atténuation H_∞ des perturbations.

Les conditions de convergence de l'observateur (6.11) sont alors données par le théorème suivant :

Théorème 11. *[Dah10f] L'erreur d'estimation d'état de l'observateur (6.11) converge asymtotiquement vers zéro et satisfait le critère d'atténuation H_∞ donné par ((6.13)) s'il existe une matrice symétrique définie positive P, des matrices M_i et un scalaire positif γ vérifiant les LMI suivantes pour $i = 1, 2$:*

$$\begin{bmatrix} A_i^T P + P A_i - M_i C - C^T M_i^T + I & P B_\phi \\ B_\phi^T P & -\gamma^2 I \end{bmatrix} < 0 \tag{6.14}$$

Les gains de l'observateur s'obtiennent alors par :

$$L_i = X^{-1} N_i \tag{6.15}$$

Preuve : voir annexes

L'hypothèse des variables de décision mesurables est une contrainte délicate du fait de l'indisponibilité des capteurs des angles de dérives dans les véhicules. Dans la suite de cette section, nous allons étudier la synthèse de l'observateur TS avec des variables de décision non mesurables, la mesure des angles de dérive ne sera donc plus utilisée.

6.4.2 Synthèse de l'observateur avec variables de décision non mesurables

Dans ce cas, les variables de décision sont estimées en même temps que les états du modèle et utilisées dans la synthèse de l'observateur TS.

Considérons la représentation TS du modèle dérive-lacet-roulis du véhicule donnée par l'équation (6.2), l'observateur s'écrit sous la forme suivante :

$$\begin{aligned} \dot{\hat{x}}(t) &= \sum_{i=1}^{2} \mu_i(|\hat{\alpha}_f|)\big(A_i \hat{x}(t) + B_i \delta(t) + L_i(y(t) - \hat{y}(t))\big) \\ \hat{y}(t) &= C\hat{x}(t) \qquad C = \begin{bmatrix} 0 & 1 & 0 & 0 \end{bmatrix} \end{aligned} \tag{6.16}$$

Dans ce cas la dynamique de l'erreur d'estimation s'écrit sous la forme :

$$\dot{e}(t) = \sum_{i=1}^{2} \sum_{j=1}^{2} \mu_i(|\hat{\alpha}_f|)\mu_j(|\alpha_f|)\big((A_i - L_i C)e(t) + \Delta A_{ij} x(t) + \Delta B_{ij}\delta(t)\big) + B_\phi \phi_r(t) \tag{6.17}$$

où

$$\Delta A_{ij} = A_j - A_i, \qquad \Delta B_{ij} = B_j - B_i \tag{6.18}$$

143

Définissons les vecteurs augmenté donnés par :

$$x_e(t) = \begin{bmatrix} e(t) \\ x(t) \end{bmatrix}, \quad W = \begin{bmatrix} \delta(t) \\ \phi_r(t) \end{bmatrix} \tag{6.19}$$

Le système augmenté formé par le modèle (6.2) et la dynamique de l'erreur d'estimation (6.17) peut être écrit sous la forme :

$$\dot{x}_e(t) = \sum_{i=1}^{2} \sum_{j=1}^{2} \mu_i(|\hat{\alpha}_f|)\mu_j(|\alpha_f|) \left(\bar{A}_{ij} x_e(t) + \bar{B}_{ij} W(t) \right) \tag{6.20}$$

avec

$$\bar{A}_{ij} = \begin{bmatrix} A_i - L_i C & \Delta A_{ij} \\ 0 & A_j \end{bmatrix}, \quad \bar{B}_{ij} = \begin{bmatrix} \Delta B_{ij} & B_\phi \\ B_j & B_\phi \end{bmatrix} \tag{6.21}$$

Théorème 12. *[Dah10g][Dah11a] S'il existent deux matrices P_1 et P_2 symétriques, définies positives, des matrices M_j et un scalaire positif γ vérifiant les LMI suivantes pour $i, j = 1, 2$:*

$$\begin{bmatrix} \Theta_i & P_1 \Delta A_{ij} & P_1 \Delta B_{ij} & P_1 B_\phi \\ \Delta A_{ij}^T P_1 & \Psi_j & P_2 B_j & P_2 B_\phi \\ \Delta B_{ij}^T P_1 & B_j^T P_2 & -\gamma^2 I & 0 \\ B_\phi^T P_1 & B_\phi^T P_2 & 0 & -\gamma^2 I \end{bmatrix} < 0 \tag{6.22}$$

où

$$\Theta_i = A_i^T P_1 + P_1 A_i - M_i C - C^T M_i^T + I \tag{6.23}$$

et

$$\Psi_j = A_j^T P_2 + P_2 A_j \tag{6.24}$$

alors l'erreur d'estimation donnée $e(t)$ converge asymptotiquement vers zéro et satisfait le critère d'atténuation H_∞ entre $W(t)$ et $e(t)$ donnée par :

$$\int_0^\infty e(t)^T e(t) \, dt \leq \gamma^2 \int_0^\infty W(t)^T W(t) \, dt \tag{6.25}$$

et les gains de l'observateur sont alors donnés par : $L_i = P_1^{-1} M_i$

Preuve : voir annexes

6.4.3 Résultats de simulation

Nous présentons dans cette section quelques résultats de simulation sur l'estimation de la dynamique du véhicule et du LTR en présence du dévers de la route. L'observateur (6.11) est implémenté sur Matlab/Simulink, L'observateur (6.16) est testé sur le simulateur CarSim et fera l'objet d'une discussion dans le chapitre suivant. Dans ce présent test, un scénarios de conduite est simulé avec un angle de braquage $\delta_f(t)$ en slalom qui représente l'entrée du modèle supposé mesurable. La deuxième entrée supposée inconnue est représentée par le dévers de route $\phi_r(t)$. Ces deux entrées sont illustrées sur la figure 6.6.

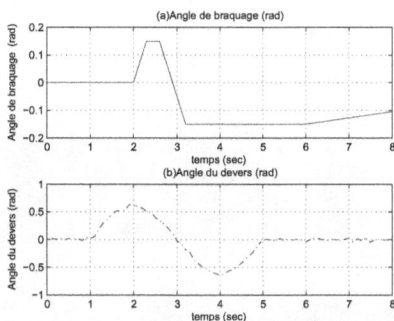

FIGURE 6.6 – L'angle de braquage et le dévers de la route utilisés en simulation

La résolution des conditions LMI (6.14) donnent les matrices $P_i, et\ M_i$ suivante :

$$P = \begin{bmatrix} 0.3415 & -1.8371 & 0.0890 & 0.3478 \\ -1.8371 & 49.4801 & 2.9622 & 5.2624 \\ 0.0890 & 2.9622 & 0.5590 & 1.0530 \\ 0.3478 & 5.2624 & 1.0530 & 26.5481 \end{bmatrix}, \quad \begin{matrix} M_1 = \begin{bmatrix} 15 & 10612 & -24 & -203 \end{bmatrix}^T \\[2mm] M_2 = \begin{bmatrix} 501 & 10217 & -118 & 411 \end{bmatrix}^T \end{matrix}$$

Et les gain de l'observateur sont donnés alors par

$$L_1 = \begin{bmatrix} 7488.4 & 832.4 & 5718.5 & -51.7 \end{bmatrix}^T, \quad L_2 = \begin{bmatrix} 4467.3 & 623 & -3997.6 & -31.1 \end{bmatrix}^T$$

Les variables d'états estimées par l'observateur développé sont illustrées sur la figure 6.7. Ces résultats montrent l'efficacité de l'approche à minimiser l'effet de l'entrée inconnue sur l'estimation de la dynamique du véhicule qui est dans notre cas très importante pour caractériser le risque de renversement.

La figure 6.8 montre le calcule du LTR_d à partir des variables de la dynamique du roulis estimées. Une comparaison entre le LTR_d calculé en prenant en considération le dévers de route

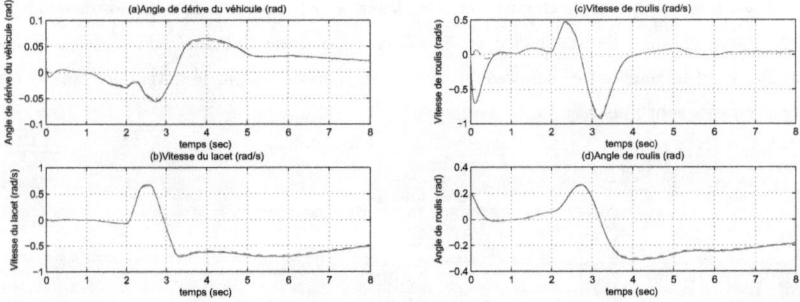

FIGURE 6.7 – Les variables d'états comparées à leurs estimées par l'observateur TS

et celui calculé en négligeant ce dernier, est proposée. Cette figure montre clairement que le LTR_d est sous estimé lorsque le dévers de route est négligé. Dans ce test par exemple à l'instant 2.5 s et l'instant 3.5 s, le LTR_d dépasse les valeurs -1 et 1, ce qui indique l'imminence d'un renversement. Cette situation n'est pas détectée par la courbe en bleu où le LTR_d est calculé sans prise en compte de l'angle du dévers.

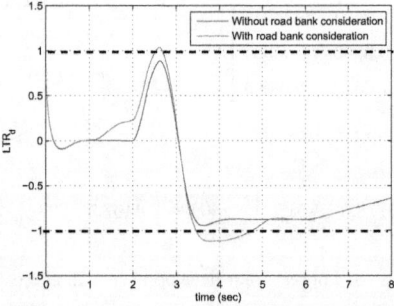

FIGURE 6.8 – Calcul du LTR_d avec et sans la prise en compte du dévers de la route

6.5 Estimation de la dynamique du véhicule et des attributs de la route

Afin d'estimer les états de la dynamique du véhicule et les attributs de la route représentés ici par le dévers de route $\phi_r(t)$ et la courbure de la route $w(t)$, un observateur TS est proposé dans cette section pour estimer les variables d'état du modèle dérive-lacet-roulis lié à la voie. Ces dernières seront ensuite utilisées pour reconstruire les attributs de la route (voir figure 6.9).

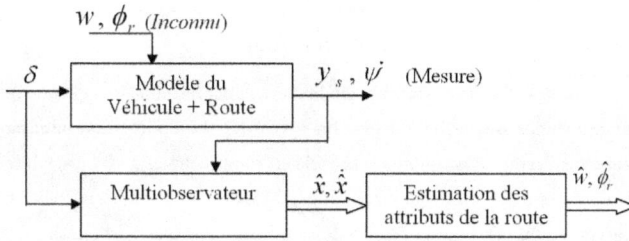

FIGURE 6.9 – Estimation de la dynamique du véhicule et des attributs de la route

6.5.1 Modèle TS dérive-lacet-roulis du véhicule lié à la voie

Une représentation TS du modèle dérive-lacet-roulis lié à la voie peut également être obtenue. En intégrant les équations (5.7) et (5.8) donnant le mouvement du véhicule par rapport à la voie de circulation. Le modèle (6.1) devient :

$$\dot{x}(t) = \sum_{i=1}^{2} \mu_i(|\alpha_f|)\big(A_i x(t) + B_i \delta_f(t)\big) + B_f f(t) \tag{6.26}$$

avec :

$$A_i = \begin{bmatrix} -\frac{\sigma_i I_{x_{eq}}}{m I_x v} & \frac{\rho_i I_{x_{eq}}}{m I_x v^2} - 1 & -\frac{h C_\phi}{I_x v} & \frac{h(m_s g h - k_\phi)}{I_x v} & 0 & 0 \\[2ex] \frac{\rho_i}{I_z} & -\frac{\tau_i}{I_z v} & 0 & 0 & 0 & 0 \\[2ex] -\frac{h \sigma_i}{I_x} & \frac{h \rho_i}{I_x v} & -\frac{C_\phi}{I_x} & \frac{(m_s g h - k_\phi)}{I_x} & 0 & 0 \\[2ex] 0 & 0 & 1 & 0 & 0 & 0 \\[2ex] v & l_s & l_h & 0 & 0 & v \\[2ex] 0 & 1 & 0 & 0 & 0 & 0 \end{bmatrix}$$

$$B_i = \begin{bmatrix} 2\frac{C_{fi}I_{xeq}}{mI_x v} & 2\frac{C_{fi}l_f}{I_z} & 2\frac{m_s hC_{fi}}{mI_x} & 0 & 0 & 0 \end{bmatrix}^T$$

$$B_f = \begin{bmatrix} -\frac{m_s g}{mv} & 0 & 0 & 0 & 0 \\ 0 & 0 & 0 & 0 & -l_s v & -v \end{bmatrix}^T, \quad f(t) = \begin{bmatrix} \phi_r(t) & w(t) \end{bmatrix}^T$$

$x(t) = \begin{bmatrix} \beta(t) & \dot{\psi}(t) & \dot{\phi}(t) & \phi(t) & y_s(t) & \Delta\psi(t) \end{bmatrix}^T$ est le vecteur d'état du modèle.

6.5.2 Condition de synthèse de l'observateur

L'observateur proposé dans le chapitre précédent est appliqué ici au modèle dérive-lacet-roulis du véhicule dans sa voie. L'objectif étant d'estimer les états du modèle en minimisant l'effet des entrées inconnues sur l'erreur d'estimation en utilisant l'approche H_∞. Les variables de décision sont supposées non mesurables. Les mesures supposées disponible sont donc celles de l'angle de braquage, de la vitesse du lacet, de la vitesse de roulis et le déplacement relatif.

Considérons le modèle TS du véhicule lié à la voie donné par l'équation (6.26), l'observateur proposé est donné sous la forme suivante :

$$\dot{\hat{x}}(t) = \sum_{i=1}^{2} \mu_i(|\hat{\alpha}_f|)\left(A_i\hat{x}(t) + B_i\delta_f(t) + L_i(y(t) - \hat{y}(t))\right) + \eta(t)$$

$$\hat{y}(t) = C\hat{x}(t), \qquad C = \begin{bmatrix} 0 & 1 & 0 & 0 & 0 & 0 \\ 0 & 0 & 1 & 0 & 0 & 0 \\ 0 & 0 & 0 & 0 & 1 & 0 \end{bmatrix} \tag{6.27}$$

La synthèse de l'observateur consiste donc à déterminer les gains L_i, et la variable $\eta(t) \in \Re^n$, qui garantissent la convergence de l'état estimé $\hat{x}(t)$ vers l'état $x(t)$.

Notons que la variable $\eta(t)$ est introduite ici pour compenser les erreurs d'estimation dues à l'estimation des variables de décision.

Définissons l'erreur d'estimation de sortie :

$$e_y = y - \hat{y} = C(x - \hat{x}) = Ce \tag{6.28}$$

La dynamique de l'erreur d'estimation s'écrit alors sous la forme suivante :

$$\dot{e} = \sum_{i=1}^{2} \mu_i(|\hat{\alpha}_f|)(A_i - L_iC)e + \Delta A x + \Delta B\delta_f + B_f f - \eta \tag{6.29}$$

où

$$\Delta A = \sum_{i=1}^{2} \bar{\mu}_i A_i, \quad \Delta B = \sum_{i=1}^{2} \bar{\mu}_i B_i, \quad \bar{\mu}_i = \mu_i(|\alpha_f|) - \mu_i(|\hat{\alpha}_f|) \tag{6.30}$$

Qui peut être réécrite sous la forme :

$$\dot{e} = \sum_{i=1}^{2} \mu_i(|\hat{\alpha_f}|)(A_i - L_i C)e + \Delta A x + \overline{B}_f \overline{f} - \eta \tag{6.31}$$

avec : $\overline{B}_f = [B_f \quad I], \quad \overline{f} = [f \quad b]^T \quad et \quad b = \Delta B^T \delta_f$

Remarque 8. *La propriété de convexité des fonctions d'activation permet d'écrire la propriété suivante :*

$$-1 \leq \bar{\mu}_i \leq 1 \tag{6.32}$$

Cela signifie que les matrices ΔA et ΔB sont bornées et la propriété suivante est vérifiée :

$$\|\Delta A\| \leq \lambda \quad , \quad \lambda = \sum_{i=1}^{2} \lambda_i \tag{6.33}$$

où $\lambda_i > 0$ est la norme de la matrice A_i.

La synthèse de l'observateur a été effectuée en minimisant l'effet du terme inconnu $\overline{f}(t)$ sur l'erreur d'estimation. Cela est possible en minimisant le gain $\mathcal{L}_2$ (norme H_∞) du vecteur $\overline{f}(t)$ vers l'erreur d'estimation $e(t)$.

Les résultats des conditions de synthèse de l'observateur proposé sont donnés dans le théorème suivant :

Théorème 13. *Le système (6.31) donnant la dynamique de l'erreur d'estimation est stable et le gain de transfert $\mathcal{L}_2$ du terme inconnu $\overline{f}$ vers l'erreur d'estimation est minimisé par un scalaire positif γ, s'il existe une matrice symétrique définie positive X, des matrices N_i, et des scalaires positifs β_0 et β_1 vérifiant les LMIs suivantes pour $i = 1,2$:*

$$\begin{bmatrix} \Omega_i & X\overline{B}_f & X \\ \overline{B}_f^T X & -\gamma^2 I & 0 \\ X & 0 & -\beta_1 I \end{bmatrix} < 0 \tag{6.34}$$

où $\Omega_i = A_i^T X + X A_i + N_i C + C^T N_i^T + \beta_0 \lambda^2 I$ et η est donné sous la forme suivante :

$$\begin{cases} \eta = 0 & si \quad e_y = 0 \\ \eta = \left(\frac{\beta_1 \beta_0}{\beta_1 - \beta_0} \right) \lambda^2 \frac{\hat{x}(t)^T \hat{x}(t)}{2 e_y(t)^T e_y(t)} X^{-1} C^T e_y(t) & sinon \end{cases} \tag{6.35}$$

Les gain L_i sont alors donnés par :

$$L_i = X^{-1} N_i \tag{6.36}$$

Preuve : voir annexes

6.5.3 Estimation de la courbure et de l'angle du dévers de la route

En utilisant les résultats de l'estimation de l'observateur (6.27), la courbure de la route ainsi que l'angle du dévers peuvent être estimés. A partir de l'équation (5.7), la courbure de la route $w(t)$ peut être estimée par l'équation suivante :

$$\tilde{w} = \frac{1}{l_s}\hat{\beta} + \frac{1}{l_s}\Delta\hat{\psi} + \frac{1}{v}\dot{\hat{\psi}} - \frac{1}{l_s v}\dot{y}_s \tag{6.37}$$

Où v est la vitesse du véhicule, $\dot{\hat{\psi}}$, $\hat{\beta}$ et $\Delta\hat{\psi}$ sont les variables d'état estimées par l'observateur. D'autre part, à partir de l'équation (6.2) l'angle du dévers $\phi_r(t)$ peut être estimé par :

$$\tilde{\phi}_r(t) = \frac{1}{b_{w1}}\left(\dot{\hat{\beta}}(t) - s(t)\right) \tag{6.38}$$

où :

$$s(t) = \sum_{i=1}^{2} \mu_i(|\hat{\alpha}_f|)\left(a_{11i}\hat{\beta}(t) + a_{12i}\dot{\hat{\psi}}(t) + a_{13i}\dot{\hat{\phi}}_v(t) + a_{14i}\hat{\phi}_v(t) + b_{1i}\delta_f(t)\right) \tag{6.39}$$

Quelques résultats de simulation seront présentés dans la suite de ce chapitre pour illustrer l'efficacité des méthodes proposés.

6.5.4 Résultats de simulation

Dans ces simulation, un scénario de conduite en double virage est effectué pour tester l'estimation de la dynamique du véhicule et celle des attributs de la route. L'observateur (6.27) est implémenté sur Matlab/Simulink avec les paramètres du véhicule donnés dans la table 6.1 et la

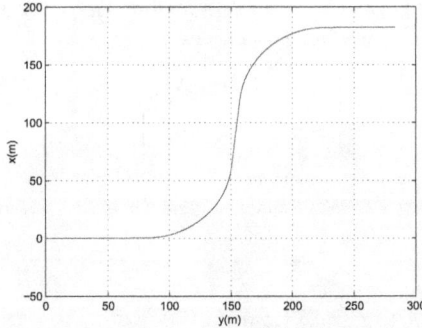

FIGURE 6.10 – Trajectoire du véhicule

table 6.2. Le test représente une conduite sur deux virages successifs. La trajectoire suivie par le véhicule est illustrée sur la figure 6.10.

La résolution des contraintes LMI (6.34) donne les valeurs des gains L_i suivants :

$$
L_1 = 10^5 \begin{bmatrix} 0.0623 & -0.2315 & -0.0001 \\ 0.0096 & -0.0028 & -0.0001 \\ -0.0035 & 0.0202 & 0.0001 \\ -0.0065 & 0.0034 & 0.0001 \\ 0.4145 & -4.9620 & 0.0200 \\ 0.0370 & -0.4935 & 0.0020 \end{bmatrix}, \quad L_2 = 10^5 \begin{bmatrix} 0.0355 & -0.0609 & 0.0001 \\ 0.0089 & 0.0013 & 0.0001 \\ -0.0014 & 0.0094 & -0.0001 \\ -0.0057 & -0.0012 & -0.0001 \\ -0.4142 & 4.9594 & 0.0200 \\ -0.0454 & 0.4957 & 0.0020 \end{bmatrix}
$$

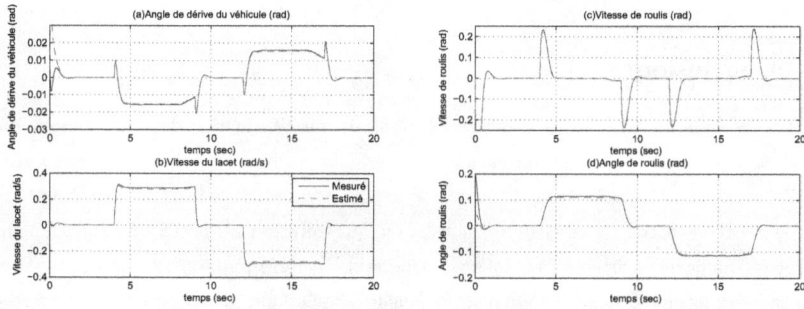

FIGURE 6.11 – Estimation des états du modèle dérive-lacet-roulis

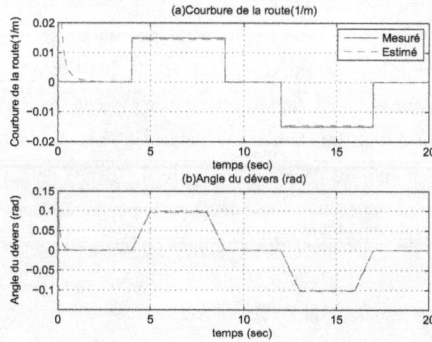

FIGURE 6.12 – Estimation de la courbure de la route et de l'angle du dévers

151

Les variables d'états estimées comparées à celles du modèle sont illustrées sur la figure 6.11. La figure montre une bonne estimation des états avec une erreur d'estimation très proche de zéro, cela prouve l'efficacité de la méthode utilisée pour minimiser l'effet des entrées inconnues sur l'erreur d'estimation.

La figure 6.12 illustre l'estimation de la courbure de la route et de l'angle du dévers. Sur les deux entrées l'approche montre une bonne efficacité d'estimation. Il faut également souligner la rapidité de convergence de l'observateur, ce qui permet de suivre les états même lorsque ces derniers varient brusquement comme par exemple la courbure de la route qui passe de 0 à 1 à l'instant t=4s.

6.6 Conclusion

Dans ce chapitre, nous avons présenté des résultats sur l'évaluation de la dynamique du véhicule pour la détection des renversements. Les variables du roulis du véhicule sont estimées et utilisées dans le calcule des indicateurs de risque pour caractériser le risque de renversement. Dans la première partie de ce chapitre, nous avons présenté le modèle TS de la dynamique dérive-lacet-roulis du véhicule et la manière d'identifier les paramètres des fonctions d'activation et des modèles locaux. Comme il a été montré dans les simulations, cette représentation est très proche du modèle non-linéaire du véhicule car elle tient compte des non-linéarités des forces latérales. Par la suite, les indicateurs utilisés pour détecter les renversements ont été présentés. Le transfert de charge latérale est un indice très efficace des situations de risque de renversement. Ce dernier est estimé par le calcul du taux de transfert de charge (LTR), nous avons vu que ce dernier peut être remplacé par le taux de transfert de charge dynamique (LTR_d) facile à calculer à partir des variables de roulis du véhicule. Dans la quatrième section, des résultats de synthèse des observateurs pour le modèle TS du véhicule en présence du dévers de la route ont été présentés. Nous avons montré dans les simulations l'efficacité des observateurs développés ainsi que l'importance de tenir compte du dévers de la route. Le risque de renversement étant sous estimé lorsque ce dernier est négligé. Nous avons développé ensuite une méthode pour l'estimation conjointe de la dynamique du véhicule et des attributs de la route représentés par la courbure de la route et l'angle du dévers. Cela est possible en utilisant le modèle dérive-lacet-roulis lié à la voie de circulation. Ce modèle peut s'avérer très utile pour la détection simultanée des sorties de route et des renversements. Le prochain et dernier chapitre fera l'objet des validations expérimentales des différentes approches développées pour la détection des accidents de la route. Des validations ont été effectuées sur le simulateur CarSim et sur des véhicules instrumentés.

Bibliographie

[Car08] CarSim software. http :www.carsim.com

[Che99] B.C. Chen and H. Peng. "Rollover warning of articulated vehicles based on a time-to-rollover metric". Proceedings of the 1999 ASME International Congress and Exposition, Knoxville, TN, November, 1999.

[Che01] B. Chen, H. Peng. "Differential-Braking-Based Rollover Prevention for Sport Utility Vehicles with Human-in-the-loop Evaluations". *Vehicle System Dynamics*, Vol 36, No.4-5, November 2001, pp.359-389.

[Dah10f] H. Dahmani, M. Chadli, A. Rabhi and A.El Hajjaji "Road bank angle considerations for detection of impending vehicle rollover", IFAC AAC 2010, 12-14 july 2010, Munich, Germany.

[Dah10g] H. Dahmani, M. Chadli, A. Rabhi and A. El Hajjaji "Fuzzy observer for detection of impending vehicle rollover with Road bank angle considerations" IEEE MED 2010, June 23-25, 2010, Marrakech, Morocco.

[Dah11a] H. Dahmani, M. Chadli, A. Rabhi and A.El Hajjaji em "Estimation de la dynamique du véhicule pour la détection des renversements en présence du dévers de la route ", JD MACS 2011, 6-8 Juin 2011, Marseille, France.

[Hac04] A. Hac, T. Brown and J. Martens. "Detection of Vehicle Rollover". SAE Transaction,2004-01-1757, 2004.

[Kid06] S. Kidane, L. Alexander, R. Rajamani, P. Starr and M. Donath. "Road Bank Angle Considerations in Modeling and Tilt Stability Controller Design for Narrow Commuter Vehicles". In Proc. of the 2006 American Control Conference, Minneapolis, Minnesota, USA, June 14-16, 2006

[NHT07] "An Analysis of Motor Vehicle Rollover Crashes and Injury Outcomes". NHTSA's National Center for Statistics and Analysis, 2007.

[Ode99] D. Odenthal, T. Bünte, and J. Ackermann. "Nonlinear steering and braking control for vehicle rollover avoidance". In Proc. of European Control Conf, Karlsruhe, Germany, 1999.

[Ryu04] J. Ryu and J. Christian Gerdes. "Estimation of Vehicle Roll and Road Bank Angle". In Proc. of the 2004 American Control Conference, Boston, Massachusetts June 30. July 2.2004.

[Sol08] S. Solmaz, M. Akar, and R. Shorten. "Adaptive Rollover Prevention for Automotive Vehicles with Differential Braking". In Proc. of the International Federation of Automatic Control, Seoul, July 2007.

[Tak85] T.Takagi and M. Sugeno. "Fuzzy identification of systems and its applications to modeling and control". IEEE Transactions on Systems, Man, and Cybernetics, vol.15, pp. 116-132, 1985.

[Ung01] A. Y.Ungoren and H. Peng "Rollover Propensity Evaluation of an SUV Equipped with a TRW VSC System". *SAE Transaction.*, 2001-01-0128, 2001.

[Yi07] K. Yi, J. Yoon and D. Kim. "Model-based Estimation of Vehicle Roll State for Detection of Impending Vehicle Rollover". In Proceedings of the 2007 American Control Conference , New York City, USA, July 11-13, 2007.

[Yua08] H. Yua ; L. Güvençb ; Ü. Özgünera. "Heavy duty vehicle rollover detection and active roll control". Vehicle System Dynamics, 46 : 6, 451-470, 2008.

Chapitre 7

Validation et résultats expérimentaux

7.1 Introduction

Le but de ce chapitre est de valider les différentes approches et méthodes développées dans ce présent travail. Les observateurs TS développés pour l'estimation de la dynamique du véhicule et les différents indicateurs de risque proposés pour la détections des sorties de route et des renversements ont été testés sur le simulateur CarSim et ensuite sur un véhicule équipé d'une centrale inertielle. Plusieurs tests ont été réalisés dans ce contexte, dans un premier temps deux scénarios de conduite ont été réalisés sur le simulateur CarSim. Le premier scénario est une conduite normale avec une poursuite de trajectoire du circuit utilisé, dans le deuxième scénario une sortie de route a été volontairement provoquée afin de tester l'algorithme de détection des sorties de route. Ensuite un test d'évitement d'obstacle avec deux angles de braquage différents est réalisé dans le but de comparer les indicateurs de risque de renversement donnés par le taux de transfert de charge (LTR_d) et le temps à renversement (TTR). Les tests ont été ensuite réalisés sur des véhicules équipés d'une centrale inertielle capable de mesurer les différents mouvements et accélérations du véhicule. Dans la section 2 de ce chapitre, nous décrivons le simulateur CarSim et ses différentes fonctionnalités. Ce simulateur est l'un des simulateurs les plus réalistes utilisés pour des validations dans le domaine automobile, il offre un large choix de type de véhicule, d'infrastructure et d'animation ainsi que la possibilité de personnalisation des paramètres. Les résultats des validations sur CarSim sont présentés et discutés dans la section 3. Dans la section 4 nous présentons un aperçu sur les moyens expérimentaux utilisés pour les tests réels. Dans le cadre de notre coopération avec l'établissement de Delambre-Montaigne d'Amiens qui possède une platforme de véhicules automobiles, un véhicule de type Laguna II est mis à notre disposition. Nous avons équipé ce dernier par une centrale inertielle RT2500 achetée par le laboratoire MIS dans le cadre du projet CPER. Cela nous a permis de mesurer les différents mouvements et accélérations du véhicule et les comparer à leurs estimées par les observateurs TS développés. La section 5 est consacrée à la présentation et aux discutions des résultats des validations expérimentales de l'estimation de la dynamique du véhicule et les différents indicateurs de risque des situations de sortie de route et des renversements.

7.2 Description du Simulateur CarSim

CarSim est un logiciel professionnel dédié à la simulation de la dynamique du véhicule, il est développé par la société "Mechanical Simulation Corporation". Grâce à ce simulateur, tout essai de conduite d'un véhicule réalisé sur une piste d'essais ou sur la route peut être simulé avant la réalisation du test réel. Ainsi, nous pouvons reproduire virtuellement des situations de conduite différentes et tester le comportement du véhicule et sa réaction à différentes manœuvres (Changement de voie, Slalom, accélération, pente, etc.) (figure 7.1). Les résultats issues de CarSim seront ensuite comparés aux résultats donnés par les algorithmes et observateurs développés (figure 7.2).

CarSim comporte cinq parties principales qui permettent de choisir les paramètres de simulation, les conditions du test et l'animation ainsi que l'illustration des résultats.

Paramètres du véhicule : Ce bloc permet de définir plusieurs paramètres physiques du véhicule (dimensions, moteur, pneus, carrosserie et les modèles mathématiques qui représentent

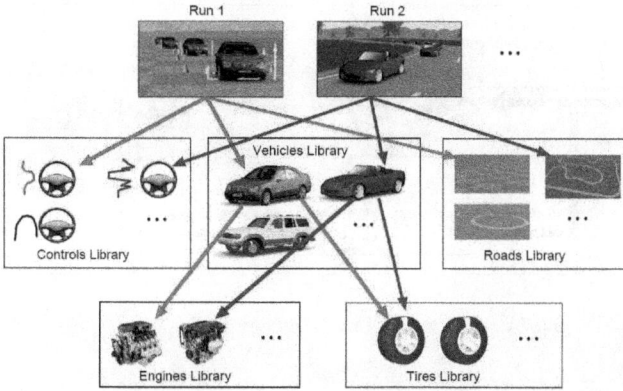

FIGURE 7.1 – Choix des différents véhicule et scénarios sur le simulateur CarSim

les forces de contact pneu/sol et de suspension exercées sur le véhicule, etc.).

Conditions d'essai : Dans ce bloc, on peut créer notre propre circuit de test, choisir la manœuvre, l'état de la chaussée et les forces aérodynamiques.

Générateur de code : Ce bloc permet de générer un schéma blocs utilisable sur différents outils de calculs mathématiques Matlab/Simulink, LabView, dSpace.

Animation : une fois le programme compilé, ce bloc permet de visualiser la manœuvre sur une vidéo 3D.

Visualisation : Pour chaque test, ce bloc permet d'enregistrer et de tracer les variables et les mesures choisies par l'utilisateur.

Procédure de choix du véhicule sur CarSim

Le véhicule de test utilisé sur CarSim peut être configuré dans toutes ses parties afin d'obtenir le modèle du véhicule correspondant à la nature des tests souhaités.

Choix des dimensions du véhicule : Le véhicule de simulation doit avoir les mêmes paramètres du modèle calculé, nous pouvons ainsi choisir dans la fenêtre "Sprung Mass" (figure 7.3) les dimensions du véhicule, la masse suspendue, les distances entre respectivement le train avant, le train arrière et le centre de gravité du véhicule, les différents moments d'inerties, et la distance entre le centre de gravité et l'axe de roulis.

157

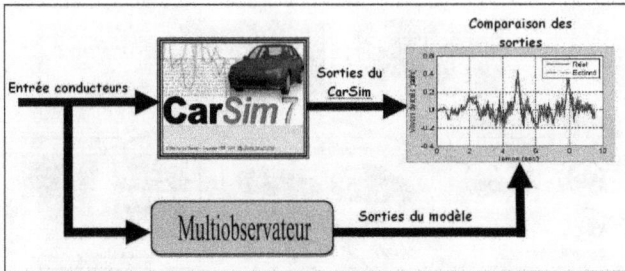

FIGURE 7.2 – Processus de validation des méthodes développées

Choix des pneus : Comme nous l'avons mentionné dans le chapitre 3, le pneu est la composante la plus importante dans le comportement d'un véhicule routier. L'erreur de modélisation et la précision du mouvement du système dépendent en majeure partie de ce choix. Dans le volet "paramètre du pneu", nous pouvons choisir les paramètres du pneu : rayon du pneu, la force maximale appliquée au pneu, et les modèles des forces de contact pneu/sol.

Définition des forces de contact pneu/sol : CarSim offre plusieurs possibilités pour la définition des forces de contact pneu/sol. Le modèle le plus utilisé et celui de Pacejka. Nous pouvons ainsi définir nos forces en utilisant les paramètres décrivant ce modèle, ou en traçant directement la caractéristique en introduisant les coordonnées dans un tableau excel.

Choix de la suspension : On désigne sous le nom de suspension l'ensemble des éléments mécaniques qui relient les roues à la structure principale d'un véhicule (caisse). Sur le simulateur CarSim, on peut choisir plusieurs types de suspension. Dans notre cas, nous utilisons une suspension indépendante simple dans laquelle nous définissons la masse non suspendue, le rayon de la roue, la distance entre les deux roues avants ou arrières, le coefficient de rigidité verticale du ressort, et le coefficient de rigidité verticale de l'amortisseur.

7.3 Résultats des validations sur CarSim

Nous présentons dans cette section les résultats des tests effectués sur le simulateur CarSim. Afin de tester les techniques d'estimation de la dynamique latérale du véhicule et les algorithmes de détection des sorties de route, deux scénarios de conduite ont été réalisés. Dans la deuxième partie un test d'évitement d'obstacle avec des angles de braquage différents est simulé afin de tester la détection des risques de renversement.

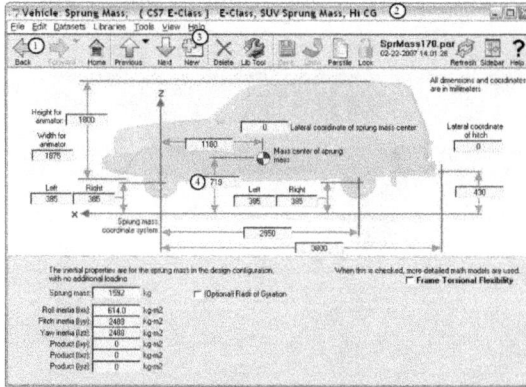

FIGURE 7.3 – Choix des paramètres du véhicule

7.3.1 Test de sortie de route

Les techniques d'estimation de la dynamique du véhicule et de la courbure de la route, ainsi que l'algorithme de détection des sorties de route ont été implémentés et validés sur le simulateur CarSim. Ce dernier permet de reproduire un comportement très proche et complet d'un véhicule

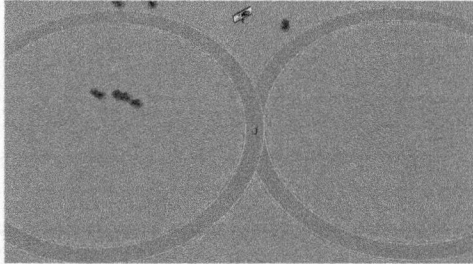

FIGURE 7.4 – La piste d'essais CarSim formée de deux rondpoints successifs

réel dans son infrastructure.

Le circuit de test utilisé (Figure 7.4) est constitué de deux rondpoints collés l'un à l'autre et de rayons de courbure constants. Ce circuit a été choisi car il est pratique pour simuler des sorties de route involontaires en virage et tester la capacité de l'algorithme à éviter les fausses alarmes et anticiper les détections.

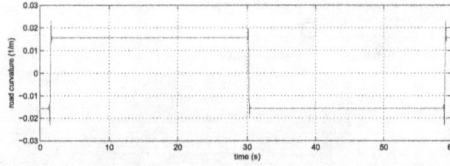

FIGURE 7.5 – La courbure de la route de la piste d'essai utilisée

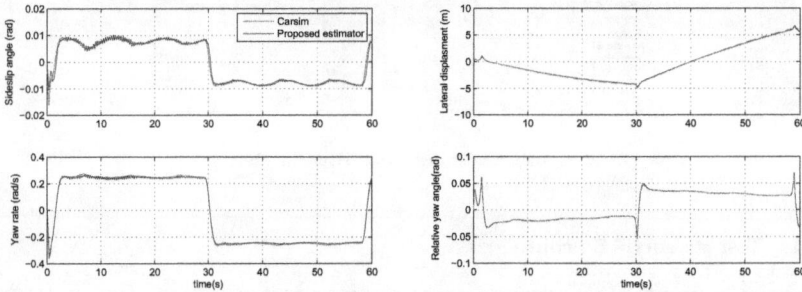

FIGURE 7.6 – Estimation des états du modèle du véhicule

Sous l'hypothèse d'une vitesse constante, la courbure de la route de ce circuit peut être donnée sous la forme d'un signal (Figure 7.5), qui sera estimé en utilisant les résultats de l'observateur développé.

Les tests ont été effectués en deux scénarios différents. Le premier scénario est une conduite normale où le véhicule reste dans le circuit pendant 60 secondes sans aucune sortie de route. Les résultats de l'estimation des variables de la dynamique latérale du véhicule liée à la voie sont montrés sur la figure 7.6. Ces résultats témoignent de l'efficacité de l'observateur développé à fournir une bonne estimation des variables d'états malgré la présence de la courbure de la route qui agit comme une entrée inconnue sur le modèle. Il faut également souligner la rapidité de l'observateur à suivre les états du modèle même lorsque les variations de ce dernier surviennent de manière brusque. La courbure de la route prise comme une entrée inconnue du modèle est son estimation sont illustrées sur la figure 7.7.

L'algorithme de détection des sorties de route développé est testé dans ce scénarios. Les indicateurs de risque de sortie de route ainsi que le signal d'alarme généré par l'algorithme sont montrés sur la figure 7.8. Le signal d'alarme reste à zéro pendant toute la durée du test y

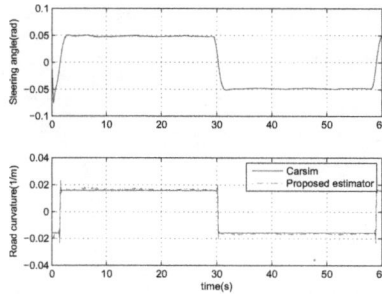

FIGURE 7.7 – Angle de braquage et la courbure de la route estimée

compris à l'instant $t = 30s$, où le véhicule a fait un changement brusque du braquage à l'entrée du deuxième virage. Ceci montre la robustesse de la détection et la capacité de l'algorithme à éviter les fausses alarmes.

Dans le deuxième scénario, une sortie de route a été simulée à l'instant $t = 19.97$ (figure 7.9) par un sur-braquage. Les indicateurs de risque de sortie de route et le signal d'alarme généré par l'algorithme sont illustrés sur la figure 7.10. Le signal d'alarme donné par la troisième courbe est déclenché à l'instant $t = 18$, ce qui montre l'efficacité de l'algorithme à anticiper les détections des sorties de route.

Ces résultats montrent l'efficacité de l'observateur TS développé à estimer les états de la dynamique latérale du véhicule en présence de la courbure de la route considérée comme une entrée inconnue. Ils montrent également la performance de l'algorithme développé dans l'anticipation de détection des sorties de route. L'anticipation de la détection représente un avantage très important dans la détection des accidents, cela permet de laisser un temps de réaction pour le conducteur afin qu'il puisse corriger sa trajectoire dans le cas d'une assistance passive ou au contrôleur de ramener le véhicule à sa trajectoire de référence dans le cas d'une assistance active. Cet algorithme peut s'avérer très efficace pour détecter les sorties de route causées par des mauvaises manœuvres du conducteur suite à une inattention, accumulation de fatigue, somnolence ou à un problème de visibilité dans les virages dangereux.

7.3.2 Test d'evitement d'obstacle

Dans ce test, l'observateur (6.16) développé dans le chapitre 6 est testé sur le simulateur CarSim à travers un scénarios d'évitement d'obstacle. Ensuite le taux de transfert de charge

161

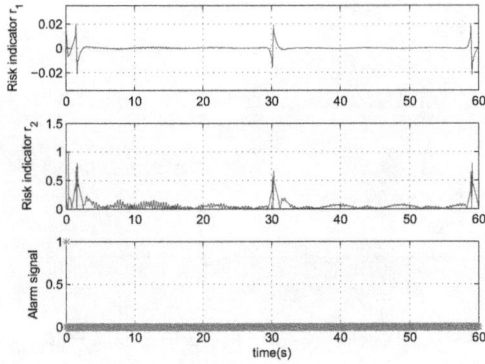

FIGURE 7.8 – Les indicateurs de risque pour le scénario de conduite normale

FIGURE 7.9 – La sortie de route simulée dans le deuxième scénario

latérale (LTR_d) et le temps à renversement (TTR) sont calculés pour deux angles de braquage différents afin de tester leur efficacité à caractériser le risque de renversement. La figure 7.11 montre une illustration de ce test avec les deux angles de braquage utilisés. Dans le test 1 le véhicule est conduit sans aucun début de renversement. Tandis que dans le test 2, le braquage est défini de telle sorte à simuler un début de renversement aux instants 2.2s et 3.2s. Les indicateurs de risque de renversement sont ensuite calculés et comparés dans les deux scénarios afin de tester leur efficacité. Le véhicule est conduit à une vitesse de 110 Km/h dans une route avec un dévers de 6% pour tester les performances de l'observateur à estimer les variables de la dynamique du véhicule en présence d'une entrée inconnue (dévers de la route).

Les états de la dynamique du véhicule estimés par l'observateur TS comparés à ceux me-

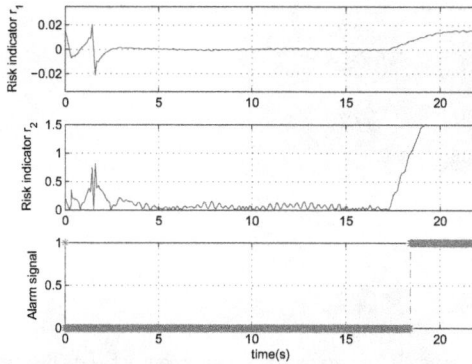

FIGURE 7.10 – Les indicateurs de risque pour le scénario de sortie de route

surés sur CarSim pour les deux tests sont illustrés par les figures 7.12 et 7.13. Dans les deux tests l'estimation fournie par l'observateur est plutôt satisfaisante. Néanmoins, il faut souligner la dégradation de l'estimation aux instants ou le véhicule s'approche du renversement. Cela s'explique par le modèle de la dynamique du véhicule sur lequel se base la synthèse de l'observateur. En effet, ce modèle ne reproduit pas le mouvement du véhicule après le renversement, c'est à dire lorsque les deux roues du même coté du véhicule ne touchent plus la chaussée. Une autre modélisation doit alors être considérée à partir du début du renversement.

La figure 7.14 illustre le taux de transfert de charge latérale (LTR_d) et le temps à renversement (TTR) calculés pour caractériser le renversement. Ces résultats montrent que le LTR_d augmente considérablement lorsque le roulis du véhicule devient important. Ce dernier est très efficace pour caractériser le risque de renversement. Cependant, le temps à renversement s'est avéré plus efficace au niveau de l'anticipation de détection. Sur la courbe de droite qui illustre ce dernier, on peut voir que les situations de renversement sont détectées à $2s$ et $3s$ alors que le LTR_d les indique aux instants $2.2s$ et $3.2s$. Cet aspect d'anticipation est très important, d'autant plus que les situations de renversement surviennent dans un espace de temps très bref et le besoin en temps d'action pour ramener le véhicule à la stabilité est important.

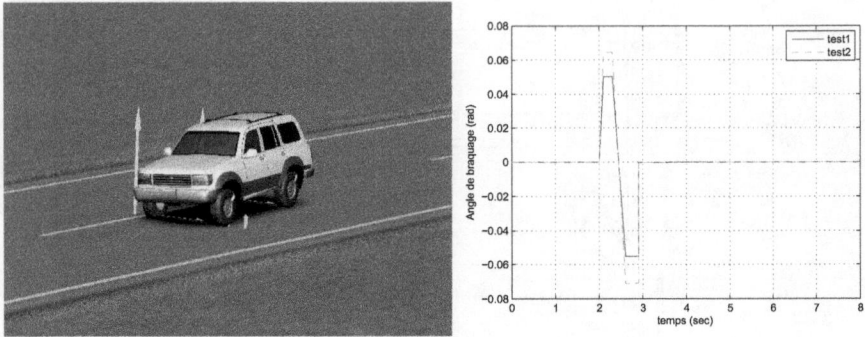

FIGURE 7.11 – Les angles de braquage utilisées pour les tests de reversement

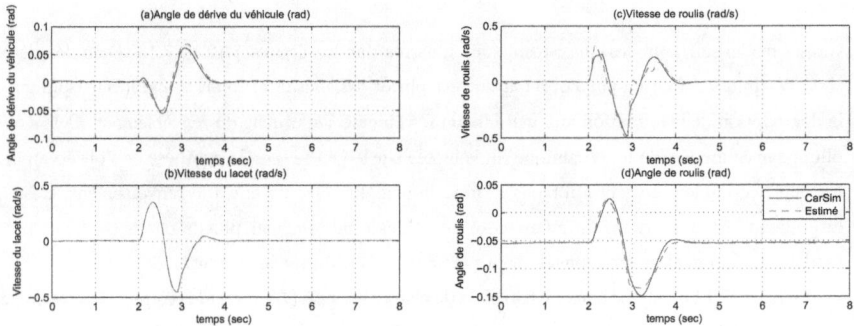

FIGURE 7.12 – Estimation des états du modèle dérive-lacet-roulis (test 1)

7.4 Description des moyens expérimentaux

Les tests expérimentaux de ce présent travail ont été effectués en collaboration avec l'établissement technique Delambre-Montaigne d'Amiens qui dispose de plusieurs véhicules de test de différentes marques (Laguna II , Citroen C4, etc.) ainsi que d'une piste d'essai (voir figure 7.15). Nous avons équipé ces véhicules par une centrale inertielle RT2500 acquise par le laboratoire MIS dans le cadre du projet CPER. Cette dernière nous permet de mesurer les mouvements et les accélérations du véhicule suivants les trois axes : vertical, latéral et longitudinal.

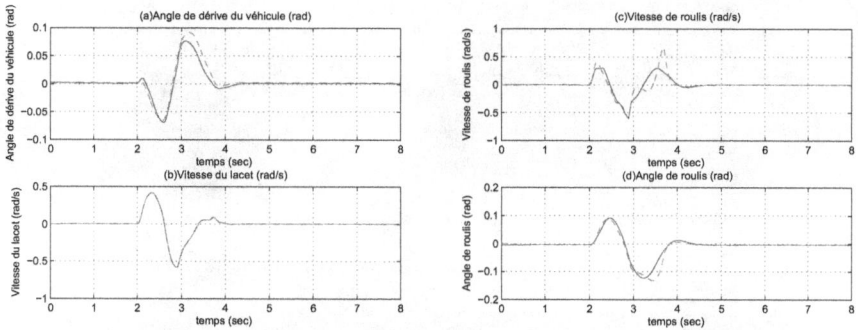

FIGURE 7.13 – Estimation des états du modèle dérive-lacet-roulis (test 2)

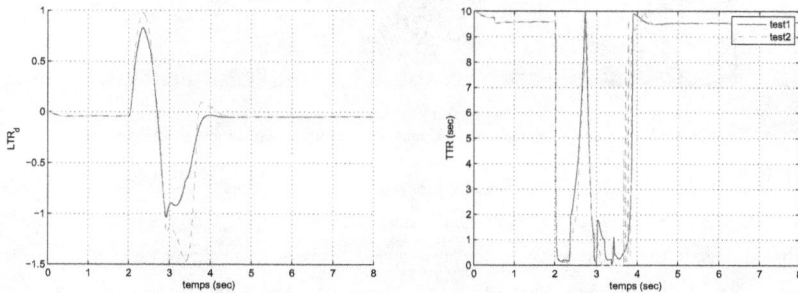

FIGURE 7.14 – Comparaison des indicateurs LTR_d et TTR dans les deux tests

7.4.1 Le véhicule de test Laguna II

Le véhicule d'essai Laguna II du lycée Delambre est équipé d'un système d'acquisition de données fourni par Renault. Ce dernier nous permet l'accès aux différentes informations utilisées par les calculateurs embarqués (ESP, ABS, ASR, etc.). La Laguna II est équipée d'un système d'anti-blocage des roues ABS avec répartiteur électronique de freinage EBV couplé à l'assistance au freinage d'urgence AFU, qui permet de garder le contrôle de la trajectoire en cas de freinage appuyé. Elle est également équipée du système de contrôle dynamique de conduite ESP couplé à un système d'anti-patinage ASR et au contrôle de sous-virage CSV. Ces différents calculateurs utilisent des capteurs intégrés dans le véhicule qui fournissent les mesures nécessaires telles que les vitesses des quatre roues, la vitesse du véhicule, la pression du liquide de frein, l'angle vo-

165

FIGURE 7.15 – Les véhicules expérimentaux sur la piste du lycée Delambre

lant, l'accélération transversale et la vitesse du lacet. Grâce à une prise de diagnostic (16 voies) branchée en bas de la console centrale, devant le levier de vitesse (voir figure 7.15) et reliée à un ordinateur équipé du logiciel de diagnostic Clip9, toutes les mesures qui transitent par les calculateurs cités ci-dessus peuvent être récoltées et stockées dans un fichier de données. Ces mesures sont ensuite traitées et exploitées sur Matlab/Simulink pour valider les différentes techniques développées.

7.4.2 La centrale inercielle RT2500

Nous avons équipé le véhicule utilisé pour les tests d'une central inertielle RT2500 afin de récupérer plus de données réelles. Cette dernière est équipée de trois accéléromètres pour mesurer les accélérations sur les trois axes du véhicule, de trois gyromètres pour mesurer les accélérations angulaires ainsi que d'un système GPS à haute précision qui fournit les coordonnées et la position du véhicule. Ainsi la RT2500 permet de mesurer toutes les dynamiques sans hypothèses simplificatrices. Elle fonctionne sur n'importe quel type de véhicule et dans n'importe quelle orientation à condition qu'elle soit configurée de manière adéquate. La RT2500 doit être solidement fixée sur le châssis du véhicule afin qu'aucun mouvement induit ne vienne fausser les mesures obtenues.

FIGURE 7.16 – La central inertielle RT2500 utilisée pour instrumenter le véhicule

Une tige métallique a été installée entre les sièges arrières du véhicule sur laquelle est fixé le support de la centrale. Elle peut également être fixée simplement sur une plaque qui sera posée sur le plancher du véhicule (voir figure 7.16). L'acquisition des données se fait par un ordinateur relié à la RT2500 par un câble ethernet. Elle est également reliée à une antenne GPS posée sur le toit du véhicule. Les détails du câblage de la centrale à l'unité d'acquisition et les différents composants nécessaires à son fonctionnement sont schématisés sur la figure 7.17.

Nous présentons dans la suite de cette section les résultats des tests effectués avec le véhicule expérimental équipé de la RT2500 pour valider les techniques de détection des sorties de route et des renversements développées dans les chapitres précédents.

7.5 Résultats des validations expérimentales

Nous présentons dans cette partie les résultats des validations expérimentales des techniques développées dans les chapitres précédents pour la détection des sorties de route et des renversements. Deux essais ont été effectués dans ce présent travail, le premier essai a été réalisé sur un circuit de route constitué de deux rondpoints successifs (voir figure 7.18) pour tester l'estimation

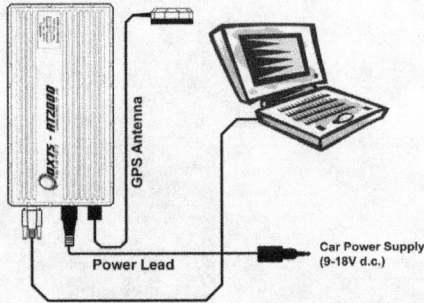

FIGURE 7.17 – Câblage de la RT2500 à l'unité d'acquisition des données

de la dynamique latérale et la détection des sorties de route. Le deuxième essai a été réalisé en deux tests slalom sur la piste du lycée Delambre pour tester l'estimation de la dynamique dérive-lacet-roulis et la détection des renversements.

7.5.1 Validation expérimentale de l'algorithme de détection des sorties de route

Afin de tester les performances des techniques proposées pour la détection des sorties de route, un test a été effectué en deux scenarios différents. Dans le premier scénario nous avons

FIGURE 7.18 – Circuit de test (Amiens sud)

conduit le véhicule de manière à suivre parfaitement la route pendant toute la durée du test. Le deuxième scénario quand à lui consiste à simuler une mauvaise conduite et provoquer des sorties de route pendant le test. Ce test a été effectué sur un circuit de route situé dans le sud de la ville d'Amiens. Il est composé de deux grands rondpoints et deux lignes droites sur une longueur de 252 m comme le montre la figure 7.18.

Le véhicule Laguna II n'étant pas homologué n'a pas été utilisé dans cet essai. Nous avons alors utilisé un véhicule immatriculé que nous avons équipé de la centrale inertielle RT2500. Nous obtenons ainsi les mesures suivantes :

- La vitesse longitudinale v
- La vitesse latérale v_y
- La vitesse du lacet $\dot{\psi}$
- L'angle de dérive du véhicule
- L'accélération latérale a_y

Ces mesures seront ensuite récupérées sur un fichier et exploitées sur Matlab/Simulink afin d'être comparée aux résultats obtenus par l'observateur. La mesure de l'angle de braquage n'étant pas disponible sur le véhicule utilisé, a été reconstruite à partir des mesures disponibles et le modèle mathématique de la dynamique latérale du véhicule. Dans le deuxième test effectué par la Laguna II, l'angle de braquage sera directement fourni par le logiciel d'acquisition Cilp9.

Scénario de conduite normale

Dans ce premier scénario, le véhicule est conduit sur la route de manière à suivre la ligne blanche et sans aucune sortie de route pendant une durée de 90s. La figure 7.19 montre les coordonnées GPS de la trajectoire effectuée par le véhicule comparées à celle du circuit de test. Les zooms effectués sur les deux rondpoints montrent bien l'absence d'erreur de conduite dans ce premier scénario.

Les résultats de l'estimation de la dynamique latérale du véhicule sont illustrés sur la figure 7.20. L'estimation est plutôt bonne sur toute la durée du test excepté aux intervalles [15s 20s] et [58s 65s]. Ces instants représentent les entrées de chaque rondpoint dans lesquels le véhicule doit ralentir. Cet aspect n'est pas considéré par le modèle du véhicule utilisé qui considère une vitesse constante ou légèrement variable.

La figure 7.21 illustre la courbure de la trajectoire du véhicule comparée à la courbure de la route. La différence entre ces deux courbures constitue un premier indicateur de risque de sortie de route. Les deux indicateur de risque utilisé par l'algorithme de détection des sorties de route ainsi que le signal d'alarme généré par ce dernier sont montrés sur la figure 7.22. Cette figure montre que le signal d'alarme reste à zéro pendant toute la durée du test excepté aux premiers instants où la courbure de la route est mal estimée. Pour le reste du test aucune sortie de route n'a été détectée, ce qui atteste de l'efficacité des indicateurs de risque et de l'algorithme développé

169

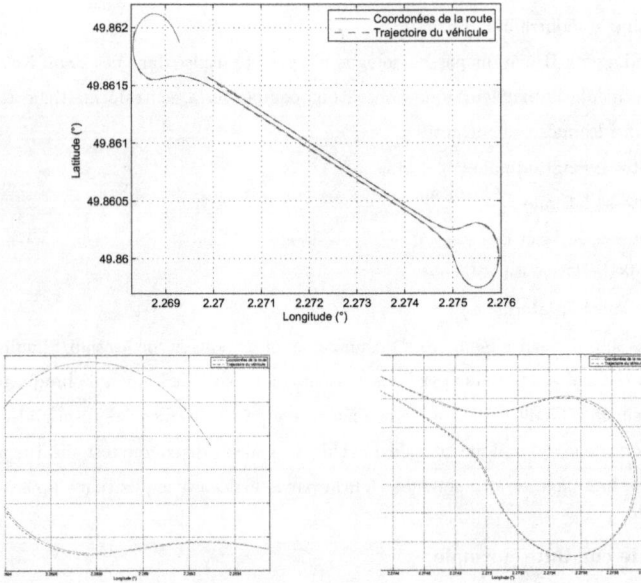

FIGURE 7.19 – Trajectoire du véhicule par rapport à la route dans le scénario de conduite normale

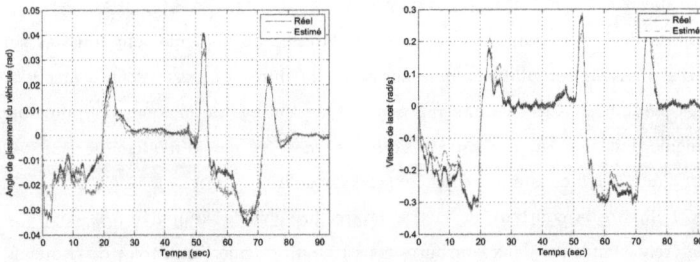

FIGURE 7.20 – Estimation des états de la dynamique latérale du véhicule

pour la détection des sorties de route.

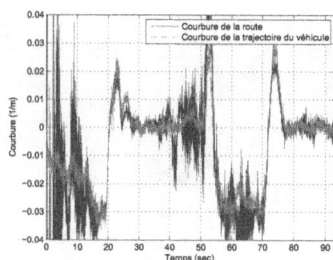

FIGURE 7.21 – La courbure de la trajectoire du véhicule comparée à celle de la route suivie

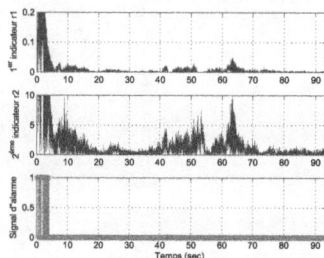

FIGURE 7.22 – Les indicateur de risque pour le scénario de conduite normale

Scénario de sortie de route

Dans le deuxième scénario, le véhicule est conduit sur le même circuit de route. Afin de tester l'efficacité des indicateurs de risque, deux sorties de route ont été volontairement provoquées aux instants 2s, 12s et 53s. La figure 7.23 montre les coordonnées GPS de la trajectoire effectuée par le véhicule comparées à celle de la route pour ce deuxième scénario. Les zooms effectués sur les deux rondpoints montrent bien les erreurs de conduite et les sorties de route simulées.

Sur la figure 7.24 sont illustrées les courbures de la trajectoire du véhicule et celle de la route. Cette figure montre des grandes différences entre les deux courbures aux instants ou les sorties de route sont provoquées. Les deux indicateurs de risque utilisés par l'algorithme de détection des sorties de route ainsi que le signal d'alarme généré par ce dernier sont montrés sur la figure 7.25.

Contrairement au premier scénario ces indicateurs augmentent considérablement à chaque fois que le véhicule ne reste plus sur la trajectoire désirée. Cela montre la sensibilité de ces indicateurs

171

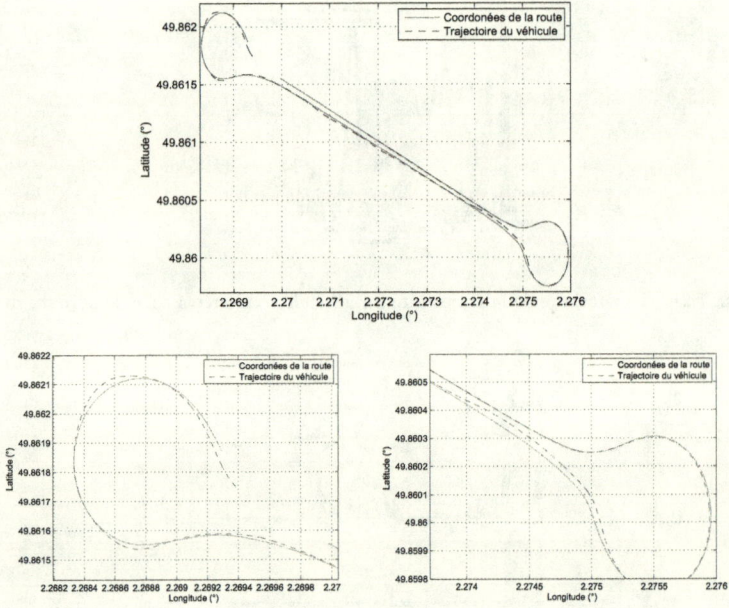

FIGURE 7.23 – Trajectoire du véhicule par rapport à la route dans le scénario de sortie de route

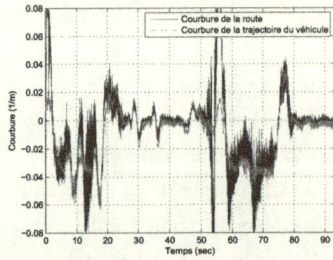

FIGURE 7.24 – La courbure de la trajectoire du véhicule comparée à celle de la route suivie dans le scénario de sortie de route

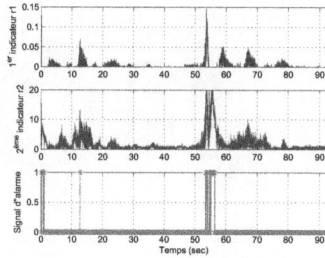

FIGURE 7.25 – Les indicateurs de risque pour le scénario de sortie de route

aux erreurs de conduite et leur efficacité à caractériser le risque de sortie de route. Ainsi le signal d'alarme généré par l'algorithme s'est déclenché exactement aux instants ou les sorties de route sont simulées.

Ces résultats montrent l'efficacité des techniques développées pour l'estimation de la dynamique latérale du véhicule et la détection des sorties de route. Néanmoins, des améliorations doivent leurs être apportées afin d'éviter les mauvaises estimations dans certaines situations. Ainsi la dynamique longitudinale pourrai être considérée en même temps que la dynamique latérale afin de prendre en compte les variations de la vitesse longitudinale.

7.5.2 Validation expérimentale des indicateurs de risque de renversement

Dans le but de tester les techniques proposées pour l'estimation de la dynamique dérive-lacet-roulis du véhicule et les indicateurs de risque de renversement, un essai expérimental a été

FIGURE 7.26 – Essai en slalom sur la piste du lycée Delambre

173

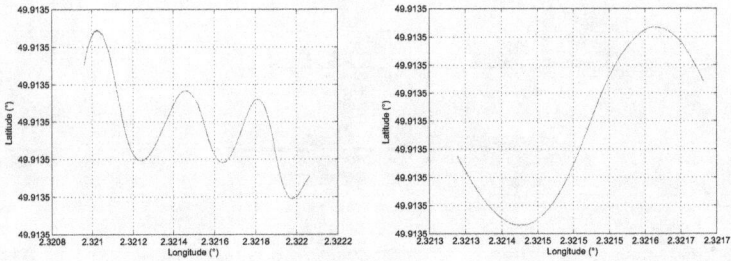

FIGURE 7.27 – Les trajectoires du véhicule pour les deux tests en slalom

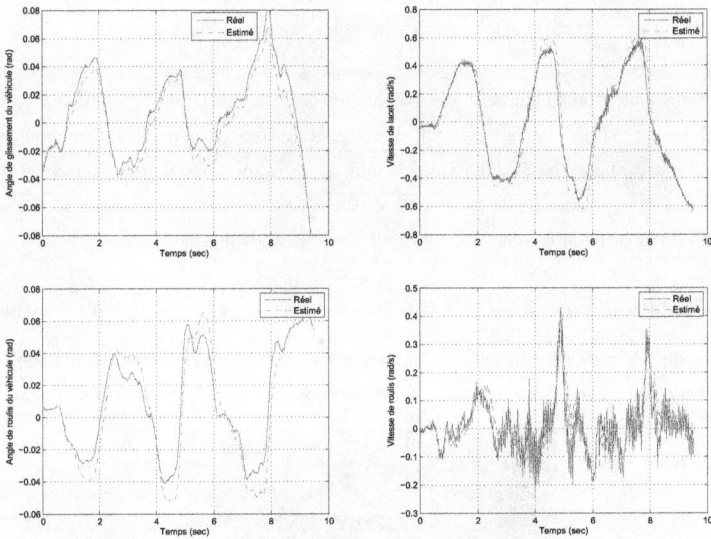

FIGURE 7.28 – Estimation des états de la dynamique dérive-lacet-roulis

réalisé sur la piste du lycée Delambre. Cette dernière de $100m$ de longueur et de $8m$ de largeur est idéale pour simuler des tests en slalom et des tests d'évitement d'obstacle. Dans cet essai le véhicule de test Laguna II est utilisé avec la centrale inertielle (voir figure 7.26). L'angle de braquage est donc mesuré par le système d'acquisition de la Laguna II. D'autre part La RT2500

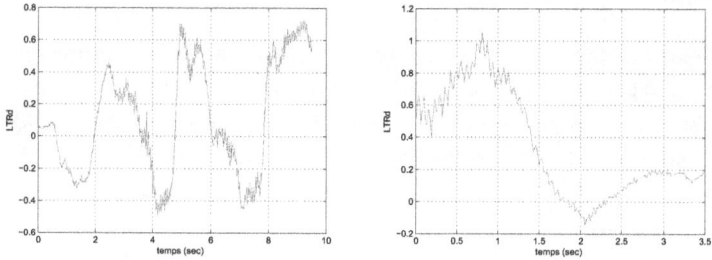

FIGURE 7.29 – Calcul du taux de transfert de charge dynamique

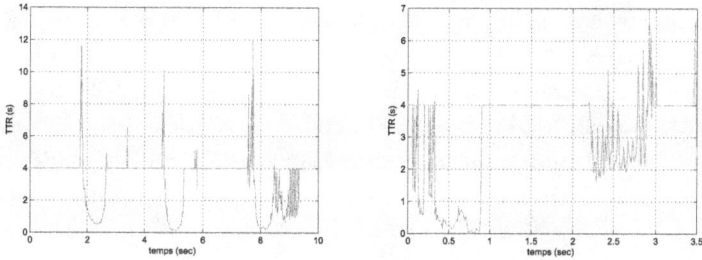

FIGURE 7.30 – Calcul du temps à renversement

fournit les mesures suivantes :

- La vitesse longitudinale v
- La vitesse latérale v_y
- La vitesse du lacet $\dot{\psi}$
- L'angle de dérive du véhicule
- L'accélération latérale a_y
- L'angle de roulis ϕ
- La vitesse du roulis $\dot{\phi}$

La vitesse du lacet, l'accélération latérale et la vitesse du roulis du véhicule sont également disponible à la mesure sur les calculateurs de la Laguna II.

Nous présentons dans cette partie les résultats de deux scénarios en slalom qui ont été effectués pour valider l'observateur TS et les indicateurs de risque de renversement.

Résultats des scénarios en slalom

Deux scénarios de conduite en slalom ont été menés pour simuler des situations proches du renversement. Le premier scénario comporte plusieurs slaloms sur une durée de $9.5s$, le deuxième scénarios est d'une durée plus brève ($3.5s$) avec des braquages plus importants. La figure 7.27 montre les trajectoires effectuées par le véhicule pendant ces deux tests.

L'estimation de la dynamique dérive-lacet-roulis du véhicule par l'observateur comparée aux variables mesurées par la RT2500 est illustrée sur la figure 7.28. Ces résultats montrent une efficacité satisfaisante de l'observateur TS. Les erreurs d'estimation sont plus importantes pour l'angle de dérive et l'angle du roulis. Cela s'explique par les faibles valeurs de ces variables (inférieur à $0.06rad$) comparées à l'angle de lacet par exemple qui atteint $0.6rad$. Les erreurs d'estimation et les perturbations sont donc plus ressenties sur les variables de faibles valeurs.

Afin de caractériser le risque de renversement, le taux de transfert de charge LTR_d est calculé pour les deux scénarios. Il est représenté sur la figure 7.29, sur les deux scénarios le LTR_d augmente à chaque braquage et donc à l'approche d'un renversement. Dans le deuxième scénario, à l'instant $0.8s$ ce dernier dépasse légèrement le seuil de 1 ce qui indique un début de renversement. Sur la figure 7.30 est illustré le temps à renversement pour les deux scénarios. Comparé au taux de charge latérale cette indicateur indique l'approche du renversement avec plus d'anticipation. Dès que sa valeur s'annule comme à l'instant $0.75s$ le renversement est considéré comme imminent. Cette situation est détectée par le LTR_d à l'instant $0.8s$.

7.6 Conclusion

Nous avons présenté dans ce dernier chapitre les résultats des validations expérimentales des techniques proposées dans les chapitres précédents. Les méthodes d'estimation de la dynamique du véhicule et la détection des sorties de route et des renversements ont été testées et validées afin de montrer leur efficacité dans des situations réelles. Dans un premier temps nous avons mené des tests sur le simulateur CarSim, ce logiciel nous a permis de reproduire des situations très proche de la réalité avec des modèles complexes du véhicule. Les résultats obtenus dans ces essais sont plutôt satisfaisants. Des scénarios de sorties de route et de renversements ont été simulés pour prouver l'efficacité des indicateurs de risque et des algorithmes de détection des accidents développés. Néanmoins, des tests sur des véhicules réels sont toujours nécessaires pour valider parfaitement ces techniques. Nous avons donc effectué des essais réels sur un véhicule equipé de la centrale inertielle RT2500, puis sur le véhicule de test Laguna II avec la RT2500 sur la piste du lycée Delambre. Le premier essai consistait à simuler des sorties de route sur un circuit de route choisi sur la ville d'Amiens. Le véhicule de test Laguna II n'étant pas immatriculé n'a pas été utilisé dans ce test. Les résultats des validations ont montré l'efficacité de l'observateur et des indicateurs de risque. Néanmoins, les variations importantes de la vitesse du véhicule à l'entrée du virage, restent à considérer afin d'obtenir une bonne estimation dans ces situations. Un deuxième essai a été ensuite effectué sur la piste du lycée Delambre avec la Laguna II et la RT2500 pour valider l'estimation de la dynamique dérive-lacet-roulis et les indicateurs de risque de renversement. Les résultats obtenus dans cet essai montrent l'avantage du calcul du TTR pour l'anticipation de la détection.

Partie IV : Conclusions

Chapitre 8

Conclusion générale et perspectives

Sommaire

8.1 Conclusion générale

Dans ce présent travail, nous avons développé des techniques d'évaluation de la dynamique du véhicule et des attributs de la route pour la détection des accidents, notamment les sorties de route et les renversements. En utilisant la représentation de type TS (Takagi-Sugeno) et l'approche H_∞ des observateurs TS sont développés pour l'estimation de la dynamique du véhicule en présence des entrée inconnues représentées par la courbure et le dévers de la route. La représentation de type TS nous a permis de prendre en compte les non-linéarités des forces latérales, cela élargie le domaine de validité du modèle du véhicule utilisé et donne la possibilité de traiter des situations critiques de la conduite automobile. Les variables estimées sont ensuite utilisées pour caractériser le risque de sortie de route et des renversements. Pour détecter les sorties de route, un algorithme de génération d'alarme est développé en combinant deux indicateurs de risque et en prenant en compte les actions du conducteur. La trajectoire du véhicule comparée à la courbure de la route estimée, constitue un premier indicateur de risque. Un deuxième indicateur est calculé à partir de ce dernier et les actions entreprises par le conducteur, il caractérise à toute instant le temps nécessaire pour revenir dans une situation de conduite idéale. L'algorithme ainsi développé aura une meilleur anticipation de détection et limitera les fausses alarmes. Pour la détection des renversements, des techniques robustes d'estimation de la dynamique du roulis en présence du dévers de la route ont été développées. L'indicateur de renversement utilisé est basé

181

sur le transfert de charge latérale dynamique (LTR_d : Load Transfert Ratio). Contrairement au transfert de charge latérale calculé à partir des forces verticales de contact pneumatique-chaussée, le LTR_d est calculé uniquement à partir des variables de la dynamique du véhicule estimées ou facilement mesurables. Une méthode d'estimation de temps à renversement (TTR) est également proposée dans ce présent travail. Ce dernier permet de caractériser le temps restant pour le début d'un renversement et assure une plus grande anticipation dans la détection de ce genre d'accident. Les différentes approches développées pour l'estimation de la dynamique du véhicule, l'estimation des attributs de la route, la détection des sorties de route et la détection des renversements ont fait l'objet de plusieurs tests sur le simulateur CarSim et en expérimentation sur des véhicules réels équipes de la centrale inertielle RT2500. A travers plusieurs scénarios de conduite, nous avons pu vérifier l'efficacité des méthodes utilisées et obtenir des résultats satisfaisants.

Les méthodes de synthèse des observateurs mises en œuvre, les techniques de détections des accidents proposées ainsi que les résultats des validations expérimentales ont été présentés dans quatre parties principales de ce document.

Dans la première partie, nous présentons les motivations, le contexte de la thèse et une description du projet SEDVAC. Ensuite un aperçu sur les systèmes de prévention et d'aide à la conduite est donné dans le deuxième chapitre de cette partie. Ce chapitre décrit les différent types d'accident et les assistances qui peuvent être proposées au conducteur afin d'éviter l'accident où d'en limiter les conséquences. Cette partie à montré les projets phares de ces dix dernières années dans le domaine des transports intelligents et les systèmes d'aide à la conduite déjà commercialisés et intégrés dans les véhicules.

La deuxième partie est consacrée à un état de l'art sur les outils que nous avons utilisé dans cette thèse. Ainsi le premier chapitre de cette partie porte sur la dynamique du véhicule et expose les différents mouvements du véhicule et les modèles de la dynamique latérale et du roulis. Ce chapitre présente également quelques modèles des plus connus dans la littérature des forces de contact pneu/chaussée qui représentent une partie très importante dans la dynamique du véhicule. Ensuite nous avons présenté un état de l'art sur les modèles TS, les observateurs et les observateurs TS dans le chapitre 4. Les méthodes d'obtention d'une représentation TS ont été exposées dans ce chapitre ainsi que la synthèse de observateurs pour ce genre de représentation. Nous avons montré que la disponibilité ou non des variables de décision à la mesure est très importante dans la synthèse de ces observateurs.

La partie III a été axée sur les principales contributions à l'évaluation de la dynamique du véhicule. Elle est composée de trois chapitres (chapitre 5, 6 et 7). Ces chapitre exposent les travaux effectués et les contributions de la thèse sur l'évaluation de la dynamique du véhicule pour la détection des sorties de route et des renversements. Dans un premier temps, nous avons présenté la représentation TS du modèle de la dynamique latérale du véhicule, cette représentation nous a permis de prendre en compte les non-linéarités des forces latérales négligées dans les modèles linéaires de la dynamique du véhicule. Ensuite la synthèse de l'observateur pour l'estimation de la dynamique du véhicule et la courbure de la route ainsi que l'algorithme développé pour la détection des sorties de route sont détaillés dans le chapitre 5. L'algorithme développé est basé sur la comparaison de la courbure de la trajectoire du véhicule à la courbure de la route estimée. Il a l'avantage de prendre en considération les actions du conducteurs à travers le temps de correction calculé à partir du braquage du conducteur. Cela permet une anticipation de détection et une réduction des fausses alarme, ainsi lorsque le conducteur est entrain de corriger convenablement sa conduite, l'alarme n'est pas déclenchée. Dans Le chapitre 6, nous avons donné les détails des différentes étapes suivies pour caractériser le risque de renversement ainsi que la représentation TS du modèle de la dynamique dérive-lacet-roulis. Les indicateurs de renversements sont basés sur le transfert de charge latérale (LTR) et le temps à renversement (TTR), ce dernier s'est avéré très efficace pour anticiper les détections. Le dernier chapitre de la troisième partie est entièrement consacré aux validations des approches proposées dans ces deux derniers chapitres sur le simulateur CarSim et sur des véhicules expérimentaux équipés de la centrale inertielle RT2500. Plusieurs scénarios ont été réalisés afin de tester les performances des observateurs TS développés et les techniques proposées pour détecter les sorties de route et les renversements. Les résultats obtenus sont plutôt satisfaisants, néanmoins des améliorations restent à apporter pour améliorer l'estimation dans certaines situation telles que les entrées du virages où le véhicule est contraint à diminuer considérablement sa vitesse.

Enfin la quatrième et dernière partie conclue ce présent rapport et dresse un bilan du travail effectué à travers cette conclusion générale et les perspective d'avenir des recherches menées dans cette thèse.

8.2 Perspectives

De nombreuses perspectives peuvent être dégagées de ce présent travail. Les contributions qui ont été apportées à l'estimation de la dynamique du véhicule et la détection des accidents sont très importantes, néanmoins plusieurs études sont encore nécessaires pour aboutir à des techniques plus complètes. Ainsi, les modèles de la dynamique du véhicule utilisés peuvent être améliorer en prenant en compte les variations de la vitesse du véhicule. Cela doit se faire soit par la considération de plus de règles flous dans le modèle TS, ou bien en prenant en compte toute la dynamique longitudinale du véhicule. Le modèle du véhicule utilisé pour la détection des renversements doit également être améliorer pour prendre en compte le mouvement du véhicule après le début d'un renversement. Dans ce cas l'axe de roulis du véhicule ne passe plus par son centre de gravité mais par le contact des deux roues qui restent au sol.

Un deuxième aspect non traité dans cette thèse et qui pourra faire l'objet de nos prochains travaux est la synthèse de lois de commande basés sur la minimisation des critères de risque développés, ce qui permettra de ramener le véhicule à sa stabilité avant qu'un accident se produise. Spécialement, les accidents de renversement se produisent de manière brutale, et souvent le conducteur n'a ni le temps ni la bonne manœuvre pour éviter l'accident. D'où la nécessité d'un système d'aide actif capable de compenser les erreurs de conduite avant que le véhicule perde sa stabilité.

Annexe A

Exemple de régions LMI

Définition d'une région LMI :

Un sous ensemble D du plan complexe est appelé région LMI d'ordre n s'il existe une matrice symétrique $\alpha \in \mathbb{R}^{nxn}$ et une matrice $\beta \in \mathbb{R}^{nxn}$ telles que :

$$D = z \in C : f_D(z) = \alpha + \beta z + \beta^t \bar{z} < 0 \tag{1}$$

D-stabilité :

Nous rappelons dans ce paragraphe le théorèmes relatif à la D-stabilité d'une matrice d'état dans une région LMI.

Théorème 14 (Chilali et Gahinet). *Soient $A \in \mathbb{R}^{nxn}$ et D une région LMI définie par (1). La matrice A est D-stable si et seulement s'il existe une matrice $X \in \mathbb{R}^{nxn}$, symétrique définie positive, telle que :*

$$M_D(A, X) = \alpha \otimes X + \beta \otimes AX + \beta^t \otimes XA^t < 0 \tag{2}$$

Où $\otimes$ correspond au produit de Kronecker.

Demi-plan complexe gauche ouvert :

Le demi-plan complexe gauche pouvant être caractérise par $\mathfrak{Re}(z) < 0$, la fonction caractéristique du demi plan complexe gauche est donnée par :

$$f_D(z) = \bar{z} + z < 0 \tag{3}$$

Il suffit de prendre $\alpha = 0$ et $\beta = 1$ dans (2). De l'expression (3) pour déduire l'inégalité suivante :

$$AX + XA^T < 0 \tag{4}$$

α-stabilité :

Dons ce cas la fonction caractéristique est donnée par :

$$f_D(z) = 2a + \bar{z} + z < 0 \tag{5}$$

Il suffit de prendre $\alpha = 2a$ et $\beta = 1$ dans (2). De l'expression (3) pour déduire l'inégalité suivante :

$$2aX + AX + XA^T < 0 \tag{6}$$

Disque de rayon ρ et de centre $(q, 0)$:

La fonction caractéristique est donnée par :

$$|z - q| < \rho \Longleftrightarrow f_D(z) = \begin{pmatrix} -\rho & z - q \\ \bar{z} - q & -\rho \end{pmatrix} < 0 \tag{7}$$

Dans ce cas si on prend $\alpha = \begin{pmatrix} -\rho & -q \\ -q & -\rho \end{pmatrix}$ et $\beta = \begin{pmatrix} 1 & 0 \\ 0 & 0 \end{pmatrix}$, donc on en déduit l'inégalité suivante :

$$\begin{pmatrix} -\rho X & -\rho X + AX \\ -\rho X + XA^T & -\rho X \end{pmatrix} < 0 \tag{8}$$

Annexe B

Quelques lemmes mathématiques

Lemme de Schur :

Lemme 2. *Soient trois matrices Q, R et S de dimensions appropriées avec $Q = Q^T$ et $R = R^T$, les expressions suivantes sont alors équivalentes :*

$$\begin{bmatrix} Q & S \\ S^T & R \end{bmatrix} < 0 \Longleftrightarrow \begin{cases} R < 0 \\ Q - SR^{-1}S^T < 0 \end{cases} \tag{9}$$

ou

$$\begin{bmatrix} Q & S \\ S^T & R \end{bmatrix} > 0 \Longleftrightarrow \begin{cases} R > 0 \\ Q - SR^{-1}S^T > 0 \end{cases} \tag{10}$$

Lemme de séparation :

Lemme 3. *Soit X et Y des matrices de tailles appropriées, alors il existe une matrice $\lambda > 0$ tel que :*

$$X^T F(t)^T Y + Y^T F(t) X < X^T \lambda X + Y^T \lambda^{-1} Y \tag{11}$$

Pour toute fonction $F(t)$ vérifiant $F(t)^T F(t) \leq I$.

Annexe C
Preuves des théorèmes

Preuve du théorème 8 :

Preuve 1. *La démonstration de la convergence asymptotique de l'observateur emploie le lemme suivant :*

Lemme 4. *Pour toutes matrices X et Y de dimensions appropriées, la propriété suivante est vérifiée :*

$$X^T Y + Y^T X \leq \beta X^T X + \beta^{-1} Y^T Y \quad avec \ \beta > 0 \tag{12}$$

Afin de satisfaire la condition (5.27), il suffit de montrer que $J_\infty = \dot{V}(e) + e(t)^T e(t) - \gamma^2 \overline{w}(t)^T \overline{w}(t) < 0$, avec $V(e)$ est une fonction de Lyapunov définie par $V(e) = e(t)^T X e(t)$, $X > 0$ et $\dot{V}(e)$ la dérivée par rapport au temps de $V(e)$ le long de la trajectoire de (5.25). En effet

$$J_\infty = \sum_{i=1}^{2} \mu_i(|\alpha_f|)(e^T(\overline{A}_i^T X + X\overline{A}_i)e + x^T \Delta A_i^T Xe + \\ e^T X \Delta A_i x - 2\eta_i^T Xe + 2e^T \overline{B}_w \overline{w}) + e^T e - \gamma^2 \overline{w}^T \overline{w} \tag{13}$$

En utilisant le lemme 1 et l'expression de l'erreur d'estimation donnée par (5.25), nous obtenons l'inégalité suivante

$$J_\infty \leq \sum_{i=1}^{2} \mu_i(|\alpha_f|)(e^T(\overline{A}_i^T X + X\overline{A}_i + \beta_1^{-1} X^2)e - 2\eta_i^T Xe + \beta_1 \rho_i^2(\hat{x}^T \hat{x} + e^T e) \\ + \beta_1 \rho_i^2(\hat{x}^T e + e^T \hat{x}) + 2e^T \overline{B}_w \overline{w}) + e^T e - \gamma^2 \overline{w}^T \overline{w} \tag{14}$$

En utilisant encore une fois, le lemme (4) l'inégalité (14) devient

$$J_\infty \leq \sum_{i=1}^{2} \mu_i(|\alpha_f|)(e^T(\overline{A}_i^T X + X\overline{A}_i + \beta_1^{-1} X^2 + \beta_0 \rho_i^2 I)e - \\ 2\eta_i^T Xe + \beta_1(1+\beta_2)\rho_i^2 \hat{x}^T \hat{x} + 2e^T \overline{B}_w \overline{w}) + e^T e - \gamma^2 \overline{w}^T \overline{w} \tag{15}$$

avec $\beta_0 = \beta_1(1 + \beta_2^{-1})$. En remplaçant les termes η_i par leurs expressions données par (5.30), on a :

$$-2\eta_i^T X e = (\frac{\beta_1^2}{\beta_1 - \beta_0})\rho_i^2 \frac{\hat{x}^T \hat{x}}{r^T r} r^T C X^{-1} X e = \beta_1(1 + \beta_2)\rho_i^2 \hat{x}^T \hat{x} \tag{16}$$

Après simplification l'inégalité (15) peut s'écrire sous la forme

$$J_\infty \leq \sum_{i=1}^{2} \mu_i(|\alpha_f|)(e^T(\overline{A}_i^T X + X\overline{A}_i + \beta_1^{-1}X^2 + \beta_0\rho_i^2 I)e + 2e^T\overline{B}_w\overline{w}) + e^T e - \gamma^2\overline{w}^T\overline{w} \tag{17}$$

Que l'on peut réécrire par

$$J_\infty \leq \sum_{i=1}^{2} \mu_i(|\alpha_f|) \left(\begin{bmatrix} e^T \\ \overline{w}^T \end{bmatrix}^T \times \begin{bmatrix} \overline{A}_i^T X + X\overline{A}_i + \beta_1^{-1}X^2 + \beta_0\rho_i^2 I + I & X\overline{B}_w \\ \overline{B}_w^T X & -\gamma^2 I \end{bmatrix} \begin{bmatrix} e \\ \overline{w} \end{bmatrix} \right) \tag{18}$$

En effet l'inégalité (5.28) permet, en utilisant le lemme de Schur, de garantir la négativité de J_∞, i.e. $J_\infty < 0$ et par conséquent le critère H_∞ est satisfait.

Preuve du théorème 9 :

Preuve 2. *Considérons la fonction de Lyapunov suivante :*

$$V(t) = e^T(t)Xe(t) \tag{19}$$

avec $X = X^T > 0$. En rapportant (5.33) dans (19) et en dérivant par rapport au temps, on obtient :

$$\dot{V} = \sum_{i=1}^{2} \mu_i(|\alpha_f|)e^T(\overline{A}_i^T X + X\overline{A}_i)e + x^T\Delta A^T X e + e^T X\Delta A x - 2\eta^T X e + 2e^T\overline{B}_w\overline{w} \tag{20}$$

où $\overline{A}_i = A_i - L_i C$. En utilisant le lemme (4), l'expression (20) devient :

$$\dot{V} \leq \sum_{i=1}^{2} \mu_i(|\alpha_f|)e^T(\overline{A}_i^T X + X\overline{A}_i + \beta_1^{-1}X^2 + \beta_0\rho^2 I)e - 2\eta^T X e + \beta_1(1 + \beta_2)\rho^2\hat{x}^T\hat{x} + 2e^T\overline{B}_w\overline{w} \tag{21}$$

avec $\beta_0 = \beta_1(1 + \beta_2^{-1})$. En remplaçant la variable η par son expression donnée par (5.39), on obtient :

$$-2\eta^T X e = \left(\frac{\beta_1\beta_0}{\beta_1 - \beta_0} \right) \rho^2 \frac{\hat{x}^T\hat{x}}{e_y^T e_y} e_y^T C X^{-1} X e = \beta_1(1 + \beta_2)\rho^2\hat{x}^T\hat{x} \tag{22}$$

Après quelques simplifications, l'expression suivante est obtenue :

$$\dot{V} \leq \sum_{i=1}^{2} \mu_i(|\alpha_f|)e^T(\overline{A}_i^T X + X\overline{A}_i + \beta_1^{-1}X^2 + \beta_0\rho^2 I)e + 2e^T\overline{B}_w\overline{w} \tag{23}$$

*Le système (5.33) est stable et le gain $\mathcal{L}_2$ du transfert entre le vecteur des entrées inconnues $\overline{w}$
et l'erreur d'estimation est borné par γ si le critère suivant est satisfait.*

$$J_\infty = \dot{V} + e^T e - \gamma^2 \overline{w}^T \overline{w} < 0 \qquad (24)$$

En remplaçant (23) dans (24), l'inégalité suivante est obtenue :

$$\sum_{i=1}^{2} \mu_i(|\alpha_f|) e^T (\overline{A}_i^T X + X \overline{A}_i + \beta_1^{-1} X^2 + \beta_0 \rho^2 I) e + 2 e^T \overline{B}_w \overline{w} + e^T e - \gamma^2 \overline{w}^T \overline{w} < 0 \qquad (25)$$

L'inégalité (25) peut être réarrangée sous la forme suivante :

$$\sum_{i=1}^{2} \mu_i(|\alpha_f|) \left(\begin{bmatrix} e^T \\ \overline{w}^T \end{bmatrix}^T \begin{bmatrix} \Gamma_i & X\overline{B}_w \\ \overline{B}_w^T X & -\gamma^2 I \end{bmatrix} \begin{bmatrix} e \\ \overline{w} \end{bmatrix} \right) < 0 \qquad (26)$$

où $\Gamma_i = A_i^T X + X A_i - C^T L_i^T X - X L_i C + \beta_1^{-1} X^2 + \beta_0 \rho_i^2 I + I$

*Les conditions (26) ne sont pas linéaires. En introduisant le changement de variable $N_i = L_i^T X$
et en appliquant le lemme de Shur, les conditions (26) peuvent être mise sous forme de LMI
donnée par (5.38).*

*La résolution de ces conditions LMI mène au calcul des gains du multiobservateur $L_i = X^{-1} N_i$,
β_1, β_0 et η.*

Preuve du théorème 10 :

Preuve 3. *Considérons la fonction de Lyapunov suivante :*

$$V(e(t)) = e^T(t) X e(t) \qquad (27)$$

où $X = X^T > 0$. Rapportons (5.42) dans (27), et calculons la dérivé de la fonction V :

$$\dot{V}(e(t)) = \sum_{i=1}^{2} \mu_i(|\hat{\alpha}_f| e^T (\overline{A}_i^T X + X \overline{A}_i) e + x^T \widetilde{A}^T X e + e^T X \widetilde{A} x - 2\eta^T X e + 2 e^T \widetilde{B}_w \widetilde{w} \qquad (28)$$

où $\overline{A}_i = A_i - L_i C$. Le lemme (4), nous laisse écrire :

$$\dot{V}(e(t)) \leq \sum_{i=1}^{2} \mu_i(|\hat{\alpha}_f|) e^T (\overline{A}_i^T X + X \overline{A}_i + \beta_1^{-1} X^2) e - 2\eta^T X e + \beta_1 \widetilde{\rho}^2 (\hat{x}^T \hat{x} + e^T e) + \\ \beta_1 \widetilde{\rho}^2 (\hat{x}^T e + e^T \hat{x}) + 2 e^T \widetilde{B}_w \widetilde{w} \qquad (29)$$

En utilisant une deuxième fois le lemme (4), l'expression (29) devient

$$\dot{V}(e(t)) \leq \sum_{i=1}^{2} \mu_i(|\hat{\alpha}_f|) e^T (\overline{A}_i^T X + X \overline{A}_i + \beta_1^{-1} X^2 + \beta_0 \widetilde{\rho}^2 I) e - 2\eta^T X e + \\ \beta_1 (1 + \beta_2) \widetilde{\rho}^2 \hat{x}^T \hat{x} + 2 e^T \widetilde{B}_w \widetilde{w} \qquad (30)$$

avec $\beta_0 = \beta_1(1 + \beta_2^{-1})$. En prenant en compte l'expression donnée par (5.47), nous obtenons

$$-2\eta^T X e = \left(\frac{\beta_1 \beta_0}{\beta_1 - \beta_0}\right) \tilde{\rho}^2 \frac{\hat{x}^T \hat{x}}{e_y^T e_y} e_y^T C X^{-1} X e = \beta_1 (1 + \beta_2) \tilde{\rho}^2 \hat{x}^T \hat{x} \tag{31}$$

Et après quelques simplifications

$$\dot{V}(e(t)) \leq \sum_{i=1}^{2} \mu_i(|\hat{\alpha}_f|) e^T (\overline{A_i^T} X + X\overline{A_i} + \beta_1^{-1} X^2 + \beta_0 \tilde{\rho}^2 I) e + 2 e^T \widetilde{B}_w \widetilde{w} \tag{32}$$

Le système (5.44) est stable et le gain $\mathcal{L}_2$ du transfert entre le vecteur des entrées inconnues $\widetilde{w}$ et l'erreur d'estimation est borné par γ si le critère suivant est satisfait.

$$J_\infty = \dot{V}(e(t)) + e^T e - \gamma^2 \widetilde{w}^T \widetilde{w} < 0 \tag{33}$$

Rapportons (32) dans (33) :

$$\sum_{i=1}^{2} \mu_i(|\hat{\alpha}_f|) e^T (\overline{A_i^T} X + X\overline{A_i} + \beta_1^{-1} X^2 + \beta_0 \tilde{\rho}^2 I) e + 2 e^T \widetilde{B}_w \widetilde{w} + e^T e - \gamma^2 \widetilde{w}^T \widetilde{w} < 0 \tag{34}$$

L'inégalité (34) peut alors être réécrite sous la forme :

$$\sum_{i=1}^{2} \mu_i(|\hat{\alpha}_f|) \left(\begin{bmatrix} e \\ \widetilde{w} \end{bmatrix}^T \begin{bmatrix} \Gamma_i & X\widetilde{B}_w \\ \widetilde{B}_w^T X & -\gamma^2 I \end{bmatrix} \begin{bmatrix} e \\ \widetilde{w} \end{bmatrix} \right) < 0 \tag{35}$$

où $\Gamma_i = A_i^T X + X A_i - C^T L_i^T X - X L_i C + \beta_1^{-1} X^2 + \beta_0 \tilde{\rho}^2 I + I$.

La condition suffisante pour garantir (35) est alors donnée par :

$$\begin{bmatrix} \Gamma_i & X\widetilde{B}_w \\ \widetilde{B}_w^T X & -\gamma^2 I \end{bmatrix} < 0 \tag{36}$$

Les conditions (36) ne sont pas linéaires. En introduisant le changement de variable $N_i = L_i^T X$ et en appliquant le lemme de Shur, les conditions (36) peuvent être mise sous forme de LMI donnée par (5.46) et les gains de l'observateur peuvent être calculés.

Preuve du théorème 11 :

Preuve 4. *Considérons la fonction de Lyapunov suivante :*

$$V(e) = e^T P e \tag{37}$$

où $P = P^T > 0$. Pour une stabilité asymptotique, La dérivée de la fonction de Lyapunov doit être définie négative. Rapportons (6.12) dans (37) nous obtenons :

$$\dot{V} = \sum_{i=1}^{2} \mu_i(\alpha_f)(e^T(A_i - L_iC)^T Pe + e^T P(A_i - L_iC)e) + \phi_r^T B_\phi^T Pe + e^T P B_\phi \phi_r$$

(38)

Le système (6.12) est stable et le gain $\mathcal{L}_2$ du transfert entre le 'entrée inconnue ϕ_r et l'erreur d'estimation est borné par γ si le critère suivant est satisfait.

$$J_\infty = \dot{V} + e^T e - \gamma^2 \phi_r^T \phi_r < 0 \qquad (39)$$

En remplaçant (38) dans (39) la condition suivante est obtenue :

$$\sum_{i=1}^{2} \mu_i(|\alpha_f|) \left(\begin{bmatrix} e^T \\ \phi_r^T \end{bmatrix}^T \times \begin{bmatrix} (A_i - L_iC)^T P + P(A_i - L_iC) + I & PB_\phi \\ B_\phi^T P & -\gamma^2 I \end{bmatrix} \begin{bmatrix} e \\ \phi_r \end{bmatrix} \right) < 0$$

(40)

Les conditions (40) ne sont pas linéaires. En introduisant le changement de variable $M_i = PL_i$ et en appliquant le lemme de Shur, les conditions (40) peuvent être mise sous forme de LMI donnée par (6.14) et les gains de l'observateur peuvent être calculés par la résolution des coditions suivantes :

$$\begin{bmatrix} A_i^T P + PA_i - M_iC - C^T M_i^T + I & PB_\phi \\ B_\phi^T P & -\gamma^2 I \end{bmatrix} < 0 \qquad (41)$$

Preuve du théorème 12 :

Preuve 5. *Considérons la fonction de Lyapunov suivante :*

$$V(x_e) = x_e(t)^T P x_e(t) \qquad (42)$$

où $P = P^T > 0$. L'erreur d'estimation peut être donnée sous la forme suivante :

$$e(t) = C_e x_e(t) \qquad (43)$$

avec

$$C_e = \begin{bmatrix} I & 0 \end{bmatrix} \qquad (44)$$

Le système (6.20) est stable et le gain H_∞ du transfert entre le 'entrée inconnue $W(t)$ et l'erreur d'estimation $e(t)$ est borné par γ si le critère suivant est satisfait.

$$J_\infty = \dot{V}(x_e) + e(t)^T e(t) - \gamma^2 W(t)^T W(t) < 0 \tag{45}$$

En remplaçant (6.20) dans (45), on obtient

$$\sum_{i=1}^{2}\sum_{j=1}^{2} \mu_i(|\widehat{\alpha}_f|)\mu_j(|\alpha_f|)(x_e(t)^T \bar{A}_{ij}^T P x_e(t) + x_e(t)^T P \bar{A}_{ij} x_e(t) + W(t)^T \bar{B}_{ij}^T P x_e(t) +$$
$$x_e(t)^T P \bar{B}_{ij} W(t)) + x_e(t)^T x_e(t) - \gamma^2 W(t)^T W(t) < 0 \tag{46}$$

l'inégalité (46) peut être réexprimée sous la forme :

$$\sum_{i=1}^{2}\sum_{j=1}^{2} \mu_i(|\widehat{\alpha}_f|)\mu_j(|\alpha_f|) \begin{bmatrix} x_e \\ W \end{bmatrix}^T \begin{bmatrix} X_{ij} & P\bar{B}_{ij} \\ \bar{B}_{ij}^T P & -\gamma^2 I \end{bmatrix} \begin{bmatrix} x_e \\ W \end{bmatrix} < 0 \tag{47}$$

où

$$X_{ij} = \bar{A}_{ij}^T P + P\bar{A}_{ij} + C_e^T C_e \tag{48}$$

La propriété de convexité des fonctions d'activativation implique que les conditions (47) sont satisfaites si :

$$\begin{bmatrix} \bar{A}_{ij}^T P + P\bar{A}_{ij} + C_e^T C_e & P\bar{B}_{ij} \\ \bar{B}_{ij}^T P & -\gamma^2 I \end{bmatrix} < 0, \quad \forall \ \ i,j = 1,2 \tag{49}$$

Afin de linéariser ces conditions, considérons une forme particulière de la matrice P donnée par :

$$P = \begin{bmatrix} P_1 & 0 \\ 0 & P_2 \end{bmatrix} \tag{50}$$

En rapportant (6.20) et (50), l'inégalité (49) peut être réécrite sous la forme :

$$\begin{bmatrix} \Omega_i & P_1\Delta A_{ij} & P_1\Delta B_{ij} & P_1 B_\phi \\ \Delta A_{ij}^T P_1 & \Psi_j & P_2 B_j & P_2 B_\phi \\ \Delta B_{ij}^T P_1 & B_j^T P_2 & -\gamma^2 I & 0 \\ B_\phi^T P_1 & B_\phi^T P_2 & 0 & -\gamma^2 I \end{bmatrix} < 0 \tag{51}$$

où

$$\Omega_i = (A_i - L_i C)^T P_1 + P_1(A_i - L_i C) + I \tag{52}$$

$$\Psi_j = A_j^T P_2 + P_2 A_j \tag{53}$$

Enfin, un chagement de variable $M_i = P_1 L_i$ est nécessaire pour obtenir les conditions LMI (6.22).

Preuve du théorème 13 :

Preuve 6. *Considérons la fonction de Lyapunov suivante :*

$$V(t) = e^T(t)Xe(t) \tag{54}$$

où $X = X^T > 0$. En rapportant (6.31) dans (54) et en dérivant par rapport au temps

$$\dot{V} = \sum_{i=1}^{2} \mu_i(|\hat{\alpha_f}|)e^T(\overline{A}_i^T X + X\overline{A}_i)e + x^T \Delta A^T Xe + e^T X \Delta Ax - 2\eta^T Xe + 2e^T \overline{B}_f \overline{f} \tag{55}$$

où $\overline{A}_i = A_i - L_iC$. Le lemme (4) permet d'écrire :

$$\dot{V} \leq \sum_{i=1}^{2} \mu_i(|\hat{\alpha_f}|)e^T(\overline{A}_i^T X + X\overline{A}_i + \beta_1^{-1}X^2)e - 2\eta^T Xe + \beta_1\rho^2(\hat{x}^T\hat{x} + e^T e) + \beta_1\rho^2(\hat{x}^T e + e^T \hat{x}) + 2e^T\overline{B}_f\overline{f} \tag{56}$$

En utilisant encore une fois le lemme (4), l'expression (56)

$$\dot{V} \leq \sum_{i=1}^{2} \mu_i(|\hat{\alpha_f}|)e^T(\overline{A}_i^T X + X\overline{A}_i + \beta_1^{-1}X^2 + \beta_0\rho^2 I)e - 2\eta^T Xe + \beta_1(1+\beta_2)\rho^2\hat{x}^T\hat{x} + 2e^T\overline{B}_f\overline{f} \tag{57}$$

avec $\beta_0 = \beta_1(1 + \beta_2^{-1})$. En remplaçant la variable η par son expression donnée par (6.35), nous obtenons :

$$-2\eta^T Xe = \left(\frac{\beta_1\beta_0}{\beta_1 - \beta_0}\right)\rho^2\frac{\hat{x}^T\hat{x}}{e_y^T e_y}e_y^T CX^{-1}Xe = \beta_1(1+\beta_2)\rho^2\hat{x}^T\hat{x} \tag{58}$$

Après simplification :

$$\dot{V} \leq \sum_{i=1}^{2} \mu_i(|\hat{\alpha_f}|)e^T(\overline{A}_i^T X + X\overline{A}_i + \beta_1^{-1}X^2 + \beta_0\rho^2 I)e + 2e^T\overline{B}_f\overline{f} \tag{59}$$

Le système (6.31) est stable et le gain H_∞ du transfert entre le 'entrée inconnue $\overline{f}$ et l'erreur d'estimation $e(t)$ est borné par γ si le critère suivant est satisfait.

$$J_\infty = \dot{V} + e^T e - \gamma^2\overline{f}^T\overline{f} < 0 \tag{60}$$

rapportons (59) dans (60), l'inégalité suivante est obtenue

$$\sum_{i=1}^{2} \mu_i(|\hat{\alpha_f}|)e^T(\overline{A}_i^T X + X\overline{A}_i + \beta_1^{-1}X^2 + \beta_0\rho^2 I)e + 2e^T\overline{B}_f\overline{f} + \atop e^T e - \gamma^2\overline{f}^T\overline{f} < 0 \tag{61}$$

l'inégalité (61) peut ensuite être réarangée comme suit :

$$\sum_{i=1}^{2} \mu_i(|\hat{\alpha_f}|)\left(\begin{bmatrix} e^T \\ \overline{f}^T \end{bmatrix}^T \begin{bmatrix} \Gamma_i & X\overline{B}_f \\ \overline{B}_f^T X & -\gamma^2 I \end{bmatrix}\begin{bmatrix} e \\ \overline{f} \end{bmatrix}\right) < 0 \tag{62}$$

où $\Gamma_i = A_i^T X + XA_i - C^T L_i^T X - XL_iC + \beta_1^{-1}X^2 + \beta_0\rho_i^2 I + I$

Les conditions (62) ne sont pas linéaires. En introduisant le changement de variable $N_i = L_i^T X$ et en appliquant le lemme de Shur, les conditions (62) peuvent être mise sous forme de LMI donnée par (6.34) et les gains de l'observateur peuvent être calculés.

www.ingramcontent.com/pod-product-compliance
Lightning Source LLC
Chambersburg PA
CBHW021042210326
41598CB00016B/1082